I'm me, you're you.

Exposition of Poster & Essay for ARTISTS & ARCHITECTS
Exposition d'Affiche & Essai pour ARTISTES & ARCHITECTES

À la salle de L201 du Bâtiment de l'École d'Architecture

Chaque vendredi du 3, mars au 8, juin 2018

Contents
Sommaire

Jan Gehl	4
Bauhaus	14
Anish Kapoor	28
Markus Raetz	42
Georges Rousse	52
Hiroshi Sugimoto	68
Stefan Sagmeister	78
Ruedi Baur	90
Daniel Libeskind	100
Olafur Eliasson	114
James Turrell	128
Daniel Buren	136
Richard Serra	146
Antony Gormley	160
Frank Owen Gehry	174
David Lachapelle	182
Pina Bausch	194
Diller Scofidio + Renfro Reimagining Lincoln Center & The High Line	204

Jan Gehl

The Human Scale

빽빽한 빌딩들, 화려한 간판들, 다양한 자동차와 대중교통들. 현재 우리가 살고 있는 도시에는 사람다운 삶을 살아갈 공간자체가 없어 보인다. 이제 와서 마천루들을 허물고 우리들의 공간을 짓기란 다소 늦어 보인다. 인간의 존재 자체를 배제하고 효율성과 경제적 가치만을 위해 지어진 수많은 도시의 요소들을 우리는 다른 방식으로 '이용' 해먹는 시도를 해야한다. 수원의 행궁동에는 시민들이 직접 참여하여 조성한 대안공간들과 벽화거리들이 있다. 그들이 조성한 환경들은 새롭게 지어지거나 쌓여진게 아니다. 숨막히는 삶을 살아가게 한 장본인인 그 벽돌들에 주민들이 칠하고 싶은 색을 칠하고 그들이 곁에 두고 싶은 예술을 건물 안에 들여놓자 차디찬 벽돌들은 주민들 삶의 원동력이 되었다. 낮은 높이의 건물들 속 다채로운 전시회들, 골목에 즐비한 다양한 벽화들은 행궁동 사람들이 어떻게 그들의 기존 공간을 이용해먹고 있는지를 보여준다. 행궁동의 대안공간들은 마을기업으로도 활동하며 예술 공간으로서의 관광 상품화와 다양한 경제적 활동으로 기존의 시민들 뿐 아니라 각박한 도시의 삶에 지친 많은 사람들을 초대해 경제적 가치를 창출해 인간중심적 도시의 치명적 허점인 경제적인 문제를 보완해낸다. 새로운 도시나 마을을 조성하기 위해 새로운 건물이 필수적 요소는 아닐 수 있다. 이미 존재해있는 공간에 예술을 들여놓는 것만으로 우리의 공간은 생명력을 얻을 수 있다. 당신의 도시에 가장 잘 어울리는 색을 아는 이는 당신이다. 이 도시를 우리의 공간으로 만들 수 있는건 우리, 예술가들 자신이다.

M. JUNG JI- WON

십년 전 스무 살 서울이 나에게 준 느낌을 잊을 수 없다. 홍대를 경험했을 때의 이질감, 신촌의 젊음, 대학로의 생기 그리고 청담동이 나에게 안겨준 떨림 속의 무력감. 기억속의 서울은 채도 높은 물감 같았다. 감정의 이유를 찾을 새 없이 찾아온 스무 살 여름이 정리해준 나의 감정은 지독한 외로움이었다. 학생의 신분에 맞지 않은 이유로 꿈을 찾아 서울 땅을 밟은 나는 그들에게선 스스로 고독을 찾았고 다른 이에겐 외로움을 받았다. 도시의 다섯 평짜리 나의 집은 타인과의 교감을 가로막았다. 어떠한 새로운 만남도 도시는 허락해주지 않았다. 그 밝디 밝은 서울의 색이 다시 보였다. 결국 회색이었다. 얀겔의 위대한 실험을 본 나의 감정은 이상했다. 나는 그에게서 위대함이나 존경심이 아닌 안도감을 받았다. 기억 끝의 나의 스무 살은 내 인간관계의 실패로만 여겼다. 한 시간의 영상으로 내 스무 살의 기억에 다시 색을 입혀주는 듯 했다. 그는 그것이 내 잘못이 아니라고 말해주고 위로해주고 있었다. 우연한 그리고 새로운 만남은 도시의 잃어버린 생명을 부여한다. 서울이 회색이라 생각하는 것이 나만이 아님을 안다. 얀겔의 정신을 바탕으로 나를 비롯한 회색 서울을 살아가는 사람들에게 색을 찾아 줄 서울이 되기를 바란다.

M. YOON KWAN-SEOP

지난 겨울 배낭여행을 떠났다. 도시에 도착해 가장 먼저 했던 일은 숙소를 구하고 허기를 채울 식당을 찾는 일이었다. 작은 길을 따라 보이는 첫 구멍가게에 들러 물 한 병 사며 근처에 괜찮은 식당 과 현지인들이 가는 곳을 묻곤 했다. 그것을 계기로 수시로 가게에 들렀고 오늘 어땠어, 어디에 다녀왔니, 여기는 가봤니 등의 이야기를 낯설지 않게 주고 받게 되었다. 그럴 때면 더 이상 관광객이 아닌 그들의 친구가 된 것 같은 다정한 기분이 들었다. 여행자의거리 안에서 구멍가게의 역할은 아주 컸다. 공간은 작았지만 꼭 필요한 생필품부터 간단한 먹거리까지 언제든 육체의 허기를 달랠 수 있었고 오가며 들르는 여행자들의 만남의 장소이자 서로의 경험과 정보를 나누는 사랑방 역할로서 정신적인 허기를 채워 주는 곳이기 때문이다. "옥상에서 새해 파티를 열건데 오지 않을래?" 이제 이 곳은 더 이상 내게 낯선 곳이 아니다. 나는 혼자가 아니다. 카운트다운을 외치는 사람들의 표정, 덕담과 함께 오는 포옹과 악수, 정체 모를 춤과 노래는 나의 눈, 코, 입과 같은 신체 기관들이 왜 존재하는지 피가 돈 다는게 어떤 기분인지 알게 해주었다.
돌아온 서울 우리 집. 스마트 폰 하나면 음식부터 사람까지 모든 것들이 빠르고 손쉽게 집 안으로 들어왔다. 집 밖을 나갈 필요도 없이 서로의 SNS를 통해 보고싶다 말하며 랜선을 통해서 만났다. 눈과 손만 있으면 상태명 '살아있음'으로 표시되는 서울형 인간의 삶. 머리 위에 경고등이 켜지며 알림창이 떴다. '경고! 당신의 몸은 서울형 인간으로 전환되기 위해 퇴화를 시작합니다. 동의하시겠습니까?"

Mlle. LEE EUN-YOUNG

여기 파티가 열린다고 가정해보자. 그리고 이 파티의 주최자가 있다. 그는 처음에 이것이 무엇을 위한 파티인지, 몇 명을 초대 할 지, 음식은 어떻게 준비해야 할지와 같은 질문에 수 많은 고민을 할 것이다. 그는 이를 준비하며 계속해서 계획을 수정하고 보완하면서 어떻게 하면 더 좋은 파티를 열 수 있을지에 대해서 끊임없이 자문 할 것이다. 이 하루의 파티는 완벽해야만 한다. 누구 하나 소외되는 사람 없이 어울리고 음식에 만족하며 편안한 장소에서 즐길 수 있어야 한다. 그는 이 파티가 모두에게 근사한 하루가 되길 바라기 때문이다. 그렇지만 여기 가장 중요한 질문이 있다. 누구를 위한 파티인가. 이것에 답하지 않는 이상 좋은 파티는 일어날 수 없다. 도시엔 수 없이 많은 파티가 일어나고 있지만 그것은 정작 누구를 위한 것인지는 거의 잊어버린채 진행 되고 있다. 도시 안에서 일어나는 파티는 우리를 위한 것이어야 한다. 우리가 그 주인공이다. 그렇기에 우리는 잊지말고 질문 할 수 있어야 한다. 이것은 누구를 위한 파티입니까.

Mlle. NAM SONG

인간은 서로를 완전히 이해할 수 없다. 그렇기에 인간은 고독하다. 하지만 서로를 이해할 수 없기에 인간은 더욱 서로를 바라고, 끌어 안게 된다. 과거의 대가족 삶을 살던 인간은 오늘날 점점 멀어져가고 있고, 그렇기에 인간은 서로를 더욱 원하게 되었다. 집 밖을 나선 순간 몇 걸음 간격으로 보이는 수많은 카페들이 이를 잘 보여준다. 자동차 중심의 도시계획은 인간이 얼굴을 보고 이야기할 수 있는 공간을 점차 줄여나갔고, 도심에서 사람들이 서로를 보고 대화할 수 있는 가장 흔한 공간은 카페이다. 수많은 카페들이 성행하는 이유는 결국 도심에서 외로운 인간이 서로 만나기 위한 유일한 공간이기 때문이다.
도시는 인간이 사는 곳이고, 인간을 위해 만들어진 것인데, 도시가 인간과 인간이 만나는 것을 어렵게 하는 모습은 모순처럼 여겨진다. 진정 도시가 인간을 위한다면 가장 먼저 해야 할 것은 서로를 찾는 인간들이 쉽게 만나고 교류할 수 있는 공간을 제공하는 것이다. 카페는 필요에 의해 급하게 생긴 임시방편에 불과하다. 그곳에선 오직 앉아서 대화만이 가능하기 때문이다. 인간과 인간의 교류는 대화뿐 아니라 함께 몸을 쓰는 움직임까지 포함한다. 결국 인간이 서로 대화하고, 같이 걷고, 보고, 듣는 모든 활동을 할 수 있는 공간이 필요한데, 이를 만족하는 가장 쉬운 것은 작은 산책로나 공원이다. 도심의 어디에 사는 누구라도 쉽게 접근할 수 있는 공원이 곳곳에 생긴다면, 사람들은 그곳에서 서로 쉽게 만나고, 일상을 공유하며 외로움을 줄여나갈 수 있을 것이다. 얀 겔이 말한 'human scale'이 바로 이런 것이 아닐까.

M. HYUN SEUNG-DON

University of Washington의 Charles Mills Tiebout 교수가 제시한 티부가설에서는 한 지방자치단체에서 특정한 계층을 위한 정책을 편다면, 다른 계층에 속한 사람들은 개인의 선호하는 정책을 펼치는 지역으로 이동해 투표권을 행사한다는 발에 의한 투표(Voting with one's feet)가정에 근거하여 "정책을 펼치는 데 시민들의 의사가 중요하다"라고 말하고 있다.
"우리는 고릴라, 호랑이가 살기 좋은 서식지는 알지만 사람이 살기 좋은 도시의 형태는 모른다."
왜 우리 현대인들은 지난 수 천, 수 만년의 역사보다 더 발전된 과학기술을 갖고 찬란한 문명을 이룩했지만 우리 스스로에게 살기 좋은 도시의 형태를 만들어내지 못했을까? 내 생각에 그 이유는 현대도시가 개개인의 삶보다는 경제의 논리로 만들어졌기 때문인 것 같다. 더 많이 갖기 위해 우리는 지구의 환경과 다른 사람(후진국민, 빈민층)의 삶을 빼앗았고 우리 스스로도 인간다운 삶을 포기 한 채 빌딩 숲 속에서 적응해 왔다. 그 결과로 부는 얻었을지 모르나 환경오염, 녹지공간부족, 비만 등의 사회문제라는 유탄을 맞게 되었다. 여러 문제를 겪은 후, 마침내 도시는 소수 도시계획가들이 날지 못하는 인간들의 도시를 날개가 있는 새의 눈으로 바라본 조감도를 이용해 재단한 마스터플랜에서 사람들의 눈높이로 바라보며 시민들의 목소리 하나하나에 귀를 기울이고 있다. 이런 변화는 시민들이 정치, 경제, 정부, 기업 등 다양한 주체들 속에서 직접 부딪혀 투쟁해 얻어낸, 결코 잊어서는 안될 값진 결과다. 우리는 더 나은 삶을 위해 공부하고 투쟁하고 목소리를 내야 한다. 시민의 힘은 도시의 형태를 바꿀 수 있을 정도로 강하기 때문에

M. JUNG KI-TAEK

얼마 전 본 영화 '리틀 포레스트'는 도시로 상경한 주인공이 실패를 맛보고 도피하듯 시골로 되돌아오며 사계절을 보내는 내용을 주로 한다. 사실 이 영화는 내용이라는 것을 크게 담고 있지 않다. 관객은 그저 시골에서 생활하는 주인공을 바라보며 위로를 받는다. 그런데 왜 주인공은 '시골'에서 힐링을 얻으며, 관객인 우리 또한 '시골'이라는 장소에서 위로를 얻는가. 장소에서의 경험은 기억을 만들고 그 기억은 감정을 불러일으키며 장소에 의미를 부여한다. 매체를 통해 '시골'이라는 장소에 대한 인식과 선입견이 생겨난 것일 수도 있겠지만, 우리는 분명 간접경험을 통해 시골이라는 공간에 대한 기억을 만들어냈고, '힐링'이라는 감정으로 공감한다. 반대로 '도시'는 어떤가. 차가 들어서지 못하게 만든 곳에도 자동차는 어김없이 들어온다. 무심코 차 앞을 지나가면, 거침없이 클락션이 울린다. 사람과의 만남은 버스 속, 지하철 속에서 낑겨 부딪히고, 자리에 앉기 위해 눈치를 보는 것이 전부이다. 도시는 '인간'이 아닌 '자동차'를 중심으로 설계되어져 있다. 이러한 도시는 사람과의 만남을 단절시켜 관계를 형성하지 못하게 만든다. 그렇기에 우리 인간은 이 도시에서 도피해 위로받고자 한다. 이제는 얀 겔처럼 도시가 무엇에 중점을 둘 것인지에 대해 생각해 봐야할 때이다. 편리함에 맞춰 자동차에 둔 초점을 사람에게 옮겨 맞춰나간다면, 우리는 도시를 떠나서가 아닌 도시 속에서 위로받을 수 있을 것이다

Mlle. PARK HA-YEONG

건물은 높아졌지만 인격은 더 작아졌다. 고속도로는 넓어졌지만 시야는 더 좁아졌다. 집은 커졌지만 가족은 더 작아졌다. 달에 갔다 왔지만 길을 건너가 이웃을 만나기는 힘들어졌다. 달라이라마의 글이다. 많은 사람들이 공감 했고 수 많은 유명인사가 인용했다.
인류는 많은 문제를 해결하기위해 기술을 발전시켰다. 좋은 차와 좋은 집, 좋은 도로는 우리를 행복하게 할거라 확신했다. 그렇게 도시는 현대화를 거쳤다. 하지만 도시의 곳곳은 병들어 있다. 자동차가 지나가기 위해 비키는 사람들, 사람을 위한 길이 아니라 자동차를 위한 길들. 우리는 현대화로 인해 행복해지지 않았다. 우리는 현대화와 상관없이 여전히 카페에서 커피를 마시며 이야기를 나누고, 친구들을 만나고, 가족과 함께 식사를 하고, 강아지와 산책을 하며 행복을 느낀다. 필요한 것은 더 좋은 건물과 더 좋은 자동차가 아니다. 서로가 만날 수 있고 시간을 보낼 장소가 필요하다.
이런 장소를 위해 우리가 목소리를 높혀야한다. 우리의 의견이 받아들여질 때 더 많은 장소가 생길 것이다. 우리의 삶에 건물이 아니라 추억이 있는 장소가 생기고 그런 장소를 지켜야한다.

M. JO JU-HYUN

헬싱키 여행 중 겪은 일이다. 눈 때문에 트램이 지연되어 40분 째 오지 않았다. 정류장의 사람들에게 물어봐도 다들 언제 올 지 모른다고 너무 해맑게 대답해 당황스러웠다. 난생 처음보는 광경.(해외만 아니면 벌써 철도공사에 전화했을 것이다.) 주변을 둘러보니 그 누구 하나 불만을 보이는 사람이 없었다. 나는 괜히 머쓱해 졌고, 트램은 한 시간 정도가 지나서야 눈을 가득 싣고 아주 느리게 도착했다. 다음 날은 눈이 다 녹아 정시운행을 했다. 그런데 웬걸, 트램은 원래도 속도가 느리더라. 지나가는 사람의 이어폰 로고까지 보일만큼 천천히 달렸고, 모든 곳에서 차보다 사람이 우선이었다. 그 당시 나에게 헬싱키의 도로는 너무도 충격적이고 비효율적인 모습이었다. 그런데, 도로 위의 사람들은 어찌된 일인지 한국보다 훨씬 편안했고, 평화로웠다.
저 여유는 어디서 나오는 걸까. 그 답은 도시 자체에 있었다. 어디 하나 사람이 없거나 소외된 길이 없고, 아무리 좁은 길도 사람이 많이 모이면 작은 광장의 형상을 띄었다. 사람이 모이려면 그저 발전이 덜 되고 과거의 모습을 고집해야 하는 줄만 알았다. 그런데 헬싱키는 굉장히 현대적이고 발전했음에도 불구하고 전혀 복잡함, 답답함이 느껴지지 않았다. 도시가 이렇게 만들어지기까지 얼마나 많은 사람들이 고민하고 노력해왔을까. 짧은 여행이지만 한국의 숨가쁘고 빽빽한 공기에서 벗어나 너무 상쾌했다. 당시 내가 느꼈던 헬싱키 도로의 비효율적인 모습이, 어쩌면 도시가 추구해야할 가장 효율적인 방법과 모습이 아닐까 싶다.

Mlle. YUN YU-RIM

나는 요즘 사람들이 아무 것도 하지 않기 위해 모든 것을 하는 시대에 살고 있다고 생각한다. 사람들은 더 빨리 그만두기 위해 내 일을 대신 해주는 기계를 만드는데 열심이다. 기계는 점점 복잡해지는데 UI(User Interface)는 점점 단순해지는게 그 증거이다. 그런데, 이러한 흐름속에서 우리가 모든 것을 다 그만두게 됐을 때 우리는 아직도 '사람'으로 남아있을까.
효율만을 추구하는 곳에서 사람이 설 자리는 없었다. 지나치게 빨리 그만두고 싶어하는 탓에 생긴 결과물이다. 도시에는 지나가는 공간만 있고 머무는 공간은 없다. 도시 안에서 사람은 차를 피해 길바닥, 구석에서 밥을 먹는다. 이와 같은 도시에서 우리는 '사람'으로 남을 수 없다.
그러므로 우리는 '건강하게 아무것도 안하는' 도시를 만들어야 한다. 사람이 사람으로서 존재하고 사유하고 행복한 공간이 필요하다. 그러한 도시 안에서 우리는 서로의 공간을 공유하고 그로써 새로운 공간과 시간을 만든다. 그리고 그 속에서 진정한 삶의 의미를 찾는다. Christchurch의 한 주민은 말했다. 'People needs space just come and dance.' 사람을 위한 도시를 만들 시점이다.

M. HAN GYUL

좋은 도시란 무엇일까. 인구가 많은 도시? 인프라가 잘 갖춰진 도시? 미세먼지가 적은 도시?
얀겔의 다큐멘터리를 보고 내가 생각한 좋은 도시는 구성원들이 만들어가는 도시이다. 그를 위해서는 시민들이 적극적으로 참여하고 그에 대한 정치적인 지지가 뒷받침되어야 한다.
영상에서는 충칭, 코펜하겐, 뉴욕, 멜버른, 다카, 크라이스트 처치 등 세계 곳곳의 도시가 등장하고 각자의 위치에서 생활하는 현대인들의 모습이 보인다. 생활 수준의 차이는 있더라도 사람들은 현재의 도시에 만족하지 않고 변화를 추구하고 있었다. 그리고 그 변화는 시민들이 요구하고 원하는 방향으로 바뀌어 갔다.
지금 이 순간에도 도시는 바뀌고 있다. 현 시대를 살고있는 우리는 더 나은 삶을 위한 방향으로 도시를 바꿔나가야 할 권리와 의무가 있다. 코펜하겐의 자전거 도로가 그랬고 뉴욕의 광장이 그랬던 것처럼

M. KANG JU-WON

공간이란, 키가 매우 큰 거인이 우리를 발 밑에 두고 아무렇게나 색연필로 찍찍 만들어 놓은 경계가 아니다. 즉, 단순히 벽을 세워서 개개인의 삶들을 나눠 놓은 것이 아니다. 인간은 자신이 생활하는 환경에 많은 영향을 받는다. 물론 처음에는 인간이 자원을 사용하여 공간 즉 도시를 만들지만, 그 공간은 한 사람 또는 한 나라의 삶의 방식을 바꿀 수도 있다. 대학교를 처음 입학 했을 때, 미대 건물은 문헌관 뒤 F동이었는데, 흡사 공사장이나 창고가 생각나는 건물이었다. 대학교를 입학해서 과실에서 과제를 열심히 할 것이라는 신입생의 포부는 F동에 발을 들이자 마자, 물거품같이 사라졌다. 그 공간 안에서는 과제를 하고 싶은 마음이 조금이라도 들지 않았기 때문에, 나는 매번 집에 모든 재료를 싸 들고 가서 과제를 하였다. 다행히도, 리모델링을 깔끔하게 해서, 광합성도 잘 되고 바람도 솔솔 불어오는 Z동을 이사를 한 후에는 대부분의 과제를 동기들과 학교에서 하게 되었다. 이렇듯, 공간이란 사람의 동선 뿐만이 아니라, 사람의 기분이나 생활에 많은 영향을 주는 중요한 요소이다.

Mlle. OH EUN-SOL

초등학교 4학년의 그 골목은 묘한 매력을 가지고 있었다. 지붕이 파란 이층집에서는 약간의 락스 냄새와 담배 냄새가 났다. 대문이 초록색인 집에서는 구수한 흙내가 났다. 작은 구멍가게의 녹아내린 카라멜 냄새와 뽑기 기계소리는 매일 나를 반겼다. 모든 건물에는 저마다의 냄새가 있었고 소리가 있었다. 그곳에는 아이들도 있었다. 우리는 수많은 냄새를 맡으며, 시끌끌한 배경음 속에서 남의 집 대문을 골대 삼아 축구하고, 장독대를 엄폐물 삼아 숨바꼭질 하고, 굽은 길을 트랙 삼아 달리기 경주를 했다. 얼마 후 그 자리에 아파트 단지가 들어섰다. 잔디밭이 조성됐고 넓은 도로가 그 주위를 둘러쌌다. 거리는 깨끗해졌고, 시야도 탁 트였다. 냄새는 모두 사라지고, 바람은 상쾌해졌다. 그러나 그곳에 아이들은 한 명도 없었다. 그곳은 쾌적해지고 넓어졌지만, 왠지 나는 그 장소를 더 이상 찾지 않았다.

편리함. 깨끗함. 쾌적함. 광활함. 신속함.

현대인이 좋아하는 단어다. 그들에게 되묻고 싶다. 왜 느리면 안 되나? 왜 좁으면 안 되나? 골목은 냄새나고, 좁고, 더러웠지만 많은 아이들에게 소중히 여겨졌고 사랑받았다. 인간은 위 단어들이 주는 막연한 긍정감에 매료되어 우리 자신에게 진정으로 필요한 것을 잊었다. 신속함과 광활함은 자동차를 위한 것이지 인간을 위한 것이 아니다. 아침 산책을 하면서 서로 인사하고, 하교하면서 우연히 만난 친구와 축구하고, 벤치에 앉아 행인을 관찰할 수 있을 만큼 여유롭고 촘촘한 공간. 인간을 위한 스케일이다. 이것이 얀 겔이 말하는 "Human Scale"이자 미래의 도시가 갖추어야할 핵심 요소이다.

M. CHUN DO-HOON

삶이란 예상치 못한 곳에서도 살아있는 꿈틀거림을 느끼는 것이라고 했다. 매일 똑같은 일상을 살아가는 사람들도 그 하루 속에서 예상치 못한 변수에 놀라기도 하고, 슬프기도 하고, 행복을 느끼기도 한다. 우리가 살아가는 도시가 그러하다. 변하지 않아 보이는 도시도 인간과 같이 상호작용하면서 추억을 제공하고, 장소가 되어주며, 기억을 남게 한다. 인간과 도시는 상생한다. 도시는 우리가 갔었던 길, 가던 길, 가려던 길을 품고 있는 삶의 지도이다. 삶의 지도에 사람이 가는 길이 존재하지 않는다면, 그것은 더 이상 살아있는 도시라고 말 할 수 없다. 인간은 길을 필요로 한다. 'The human scale' 사람을 위한 거리를 품은 도시, 그것이 현재를 살아가는 우리, 미래를 살아갈 우리에게 필요한 도시가 아닐까.

Mlle. HAN SE-YOUNG

도시계획과 정치는 불가분의 관계에 있다. 얀 겔이 말하는 인간친화적 도시를 구현하기 위해서는 그 도시계획에 대한 정치적 지지와 수단이 필요하다. 그러나 역사적으로 정치적 영향력은 자본이 풍부한 기득권층에게 편중되어왔고, 방글라데시 Dhaka와 중국의 Chongqing처럼 아마 도시계획 역시 그들 중심으로 이루어져 왔을 것이다. 자신들의 기득권을 보호하기 위한 메트로폴리스를 구축하고, 지극히 소수인 특정 이익집단 외 다수의 시민들은 그곳에 녹아 들지 못하고 부유하거나 침잠했을 것이다. 그런 도시에서 우리는 외로움에 익숙해지고 서로에 대한 무관심으로 타인의 고통에 공감하기 어려워졌다.

민주주의의 기본 원리는 권력의 분산이다. 현재를 살아가는 이상 민주주의가 성공적인 정치 모델인지, 지금의 민주주의는 완성된 것인지에 대해 확신할 수 없지만 적어도 그것이 인간성 존중의 지향선상에 있음은 분명하다. 나는 "The Human Scale"을 보고 우리가 구성하고 우리를 구성하는 이 도시에서 권력의 분산을 실현할 수 있다는 걸 깨달았다. 비인간적 건축은 나 하나 먹고 살기도 바쁘게 만드는 데 기여했지만 도시개발 이전의 향수와 전통에 대한 보존, 전국민적 트라우마를 안겨주었던 사건에 대한 추모, 무엇보다 'meetingpeople'을 위한 공간, 휴식과 소통의 공간은 서로에 대한 관심과 이해의 시도, 궁극적으로 인간성의 존속에 기여할 것이다. 이건 내가 "The Human Scale"에서 얻은 결론이다. '자신을 정치적 지지와 수단의 하나로서 거리로, 광장으로 데려가라. 그리고 도시 속에서 사람들을 만나고 축제를 즐겨라.'

Mlle. KIM YE-JI

RA YEON-SU

JANG JI-WON

Unity of Art and Technology

모던 라이프란 무엇인가. 다시 더 작게 나누어 생각해보자. 모던은 무엇일까. 단어 그대로 해석하자면 '현대의'라는 뜻이겠으나 그것이 내포한 의미는 간결한 장식미와 기능성의 조화 라고 할 수 있다. 바우하우스에서 대중들에게 제시한 모던 라이프는 혁신적이었다. 그렇지만 그것은 당시의 대중들이 영유하던 삶과 비교해보았을때 매우 큰 괴리감을 가져온다. 바우하우스가 보여준 삶은 누구나 원하는 세련된 스타일의 생활양식이라는 것은 자명하다. 다만 그들이 제시한 삶의 형태는 당대의 대중이 쉽게 누릴 수 있는 것이 아니었다. 물론 그들이 추구하던것은 대중을 위한 예술과 기술의 상호결합이었지만 그것을 누릴 수 있었던 자들은 다수의 대중이 아니었으며 오직 그 시대의 소수만이 모던 라이프를 즐길 수 있었다. 100여년이 지난 지금 ,100여년 전의 그들이 아닌 현대의 우리가 씁쓸하게도 값싼 모던 라이프를 살아가고 있다. 바우하우스가 원했던 그 모습, 그 삶의 형태로 말이다.

Mlle. NAM SONG

친구 J가 있다. 그의 이상향은 한 마디로 '소소한 예술공동체'라고 할 수 있으려나? 아무튼 굳이 정의하기엔 조금 복잡했고 지극히 사소했다. 공공기관의 역할을 본인이 대신하여 개별맞춤으로 예술활동을 지원해줄 유사가족을 상시 모집 중이다. 그는 현재까지도 나에게 '뮤직페스티벌 수학 지원'을 하고 있다. 돈이 없는 고등학생의 내가 뮤직페스티벌에서 춤추고 싶어했을 때부터 시작해온 후원 프로그램이다. 나는 그런 J가 그의 소소한 공동체의 교육감 자리를 나에게 일임하는 상상을 하고는 한다. 그러면 나는 학생이 원하는 대로 '그림책 제작 실습'이나 '성인영화 감상의 실제'같은 수업을 교육과정에 포함할지도 모르겠다.

바우하우스에 대한 다큐멘터리를 보면서, 그들이 추구하는 예술관이나 그것이 시사하는 예술사적 의의보단 바우하우스란 공간에서 공부하는 그들의 표정이 인상적이었다. 자신이 고심해서 디자인한 의자에 앉아 휴식을 취하고, 연극을 만들어 실연하고 직접 사진을 찍어 포스터를 제작했던, 그곳에서의 일화를 이야기하는 늙은 학생의 표정. 나는 J의 '소소한 예술공동체'를 바우하우스로 정의할 수 있었으면 좋겠다고 생각했다. 예술사에 길이 남고 싶은 게 아니라 일상 속의 예술로 남기 위해서.

Mlle. KIM YE-JI

그녀의 바우하우스

"쌤, 저는 이번에 첫 월급 받으면 침대를 살 거 에요. (스마트폰을 건네며) 보세요. 페이스북 후기도 괜찮아요. 아래에 수납장이 있어서 옷도 넣을 수 있고 이렇게 밀면 테이블이 위 아래로 움직여요! 침대에 앉아서 노트북으로 영화도 볼 수 있고 밥도 먹을 수 있고 책도 볼 수 있어요. 저 같은 집순이한테 딱인거죠. 여기에 매트리스 추가하면 이십만원 좀 안돼요. 대박이죠?! 아… 출근하기 싫어죽겠는데 장바구니에 넣어 둔 침대 생각하면서 겨우 나온다니깐요. 빨리 월급날이 왔으면 좋겠어요. 쌤."

그의 바우하우스

Bamboo House(이태원 대나무집) 서울야경 특별한여행.
한 줄의 설명이 전부였다. 허름한 건물 꼭대기 층. 그의 집이 있었다. 문을 열었다. 재즈가 흘러나왔다. 에어컨과 조명은 켜져 있었다. 그의 배려였다. 노란 스탠드에서 나오는 노란 조명. 문 하나를 두고 로맨틱해졌다. 이케아 상표가 박힌 유리컵과 그릇들, 철제 침대와 침구. 옛날 진공관 오디오와 투박한 빔 프로젝터. 오래돼 보이는 자개장 장롱의 문짝이 이 집의 문화 유산이라도 되는 듯 떼어져 벽에 걸려 있었다. 곳곳에 놓인 대나무로 만든 공예품은 그가 전통과 현대의 조화를 위해 꽤 노력했다는 것을 알 수 있었다. 여러 시대의 물건들이 이질감 없이 섞여 있었다. 밤이 되었다. 창문 밖 남산타워의 불빛이 반짝였다. 감탄하며 맥주를 마셨다. 눈을 감았다. 떴다. 그의 집을 나섰다. 특별한 여행. 맞았다.

Mlle. LEE EUN-YOUNG

21세기에 들어 퓨전(Fusion), 하이브리드(Hybrid)와 같은 화두들이 이슈가 되고 있는데 이런 현상의 연장선에 있는 '크로스오버(Cross-over)' 개념이란 독립된 장르들이 서로 뒤섞여 새로운 문화현상을 일으키는 것을 의미한다. 지금 이 순간에도 현대 사회 전반을 관통해서 산업과 예술, 동양과 서양 등의 서로 다른 분야들이 모여 엄청난 시너지를 일으키고 있다. 그런데 독일의 바우하우스는 이보다 훨씬 빠른 약 100여 년 전부터 '크로스오버'의 개념을 실천하기 시작했다. 바우하우스에서는 서로 다른 특성을 가진 여러 소재들이 어느 하나 우위 없이 '조화'를 이루어 하나의 오브제를 탄생시킨다. 이는 경직된 사고에 매몰되어 소재와 소재 사이의 연결고리를 보지 못했던 당시 사람들에게 큰 시사점을 제시해주었다.

이렇게 조화를 이룬 오브제들은 단순히 기능을 가진 도구로 끝나지 않았다. 나아가 당시에 만연해 있던 예술에 대한 사람들의 시각을 바꿔놓았다. 소수의 상류층의 전유물이었던 예술은 '보편성'을 획득하게 되었고 대중과 예술 사이의 보이지 않는 장벽을 자연스럽게 허물 수 있었다. 그리하여 14년이라는 짧은 역사를 가진 바우하우스는 1세기가 지난 지금에도 건축뿐만 아니라 자그마한 생활용품에 이르기까지, 우리들의 삶에 크나큰 영향을 미치고 있다.

M. JUNG KI-TAEK

왜 '바우하우스'일까. 대부분의 것들은 이름을 통해 많은 것을 알려준다. 바우하우스 '짓다, 집'. 예술과 기술의 융합을 얘기하는 바우하우스가 왜 이름에서부터 건축을 앞세운 것일까. 그들의 또 다른 이념인 일상과 예술의 결합이 가장 잘 표현된 작품이 건축이기 때문이다. 그렇다면 건축이 바라보는 것은 무엇일까. 바로 공간 속에서 일상을 보내는 '인간'이다. 궁극적으로 바우하우스는 인간을 바라보았다. 해서 바우하우스의 이념을 실천하기 위해서 결국 '사회'를 바라보고 사회 속 '우리'를 바라봐야 한다. 하지만, 정치적 압력으로 사라져 버린 바우하우스를 본보기 삼아 사회의 간섭을 받아서는 안 될 것이다. 시대는 실용성을 그리고 화려함을 충족시키고자 했다. 인간이 원하는 것을 계속해서 채우려는 시대적 흐름 속 바우하우스는 예술과 기술의 융합을 통해 앞선 시대흐름 모두를 인간에게 만족시키고자 했다. 그리고 이러한 바우하우스의 이념은 지금의 우리가 추구한다. 교육은 계속해서 융합형 인재를 만들어가려한다. 그러나 지금 바우하우스처럼 융합을 외치지만, 우리는 외치기만 하고 있다. 우리의 교육 또한 바우하우스처럼 학교(교육)이자 문화의 흐름으로 발전할 수 있도록 해야 한다.

Mlle. PARK HA-YEONG

자동차의 본래의 목적은 탑승자를 편하고 안전하게 목적지까지 이동시켜주는 기계이다. 그 말은 잘 달리고 잘 서며 튼튼하면 자동차의 본분을 다 했다고 볼 수 있다. 하지만 수많은 자동차 메이커들은 그런 식으로 자동차를 제작하지 않는다. 각 회사의 정체성을 담은 디자인을 통해 아름다움, 멋짐을 한껏 뽐낸다. 자동차뿐만이 아니다. 우리는 단순한 물건을 구매할 때에도 같은 가격에 같은 기능이라면 예쁜, 멋진 물건을 선택한다. 예술이란 우리 삶에서 떼어 놓으려야 떼어 놓을 수 없는 그런 존재가 되었다. 다만 인식하지 못할 뿐이다. 항상 그래왔듯이 그냥 이뻐서 멋져서 골랐으니깐.

아름다움을 원한다. 당연하다. 아름답다고 멋지다고 느끼는 것은 우리의 본능 같은 것 이니깐. 그리고 그 본능을 표출하고 그에 아름다움이라는 용어를 붙인 것이니깐. 라이언 얼굴이 달려있는 쓰레기통을 비우면서 아름다움을 모든 사람들의 품속으로 옮겨준 바우하우스의 모든 예술가들에게 또 한번 고마움을 느낀다.

M. SUN WOO-SOL

가족들과 함께 살다 보면, 어서 독립을 하고 싶다는 생각이 든다. 오롯이 나만의 삶을 즐기고 싶기 때문이다. 하지만 막상 혼자 나와 살다보면 깨닫게 된다. 온전히 나로 살고자 했던 자아도, 주변과 함께일 때 더 선명했다는 역설을.

건축도 마찬가지다. 산업혁명 때 건축가들은 집의 '기능'만을 중시하며 오로지 거주를 위한 공간을 만들었다. 하지만 그렇게 만들어진 공간은 일종의 케이지에 지나지 않을 뿐이다. 그들은 집을 짓는데 웬 예술이냐 말했지만, 예술과 기술이 공존할 때 비로소 진정한 집을 지을 수 있는 것이다.

'Bau Haus' 짓는다 집을. 바우하우스는 단순한 집이 아닌, 안식을 취할 수 있는 생활공간을 지으려 했다. 그들은 독특한 모양의 의자, 새로운 형태의 주전자, 자그마한 베란다에 이르기까지, 미술을 이용하여 집을 지었다. 작은 예술들이 모여 이루는 하나의 건축. 바우하우스가 이루고자 했던 진정한 건축이 아닐까 생각해 본다.

Mlle. JEONG JAE-HYUN

예술과 생활이 구분되지 않고 우리의 삶에 적용되게 하기위해 디자인적인 요소와 실질적인 기능에 초점을 맞춰 현시대의 사람들의 삶에 방식에 많은 영향을 끼친 바우하우스는 bauhaus "집을 짓다"라는 의미를 가지고 인간의 삶을 더 나아지게 하기위해 교육했다. 사람의 인생은 저마다의 삶의 품격을 찾아가는 과정이라고 생각한다. 우리는 태어나 그냥 살아갈 수 없다. 각자의 인생에서 먹고, 입고, 쓰며 살아간다. 바우하우스는 먹고, 입고, 쓰는 것들에 품격을 제시했다. 더 나은 삶을 갈망했던 사람들에게 새로운 시대의 기준을 제시해 준 것이다. 우리는 그 품격을 당연하게 생각하고 누리며 살고 있지만, 그들이 생각하고 추구했던 그 이념과 정신을 다시 한번 생각해봐야 하는 시대가 아닐까 물음을 던져본다.

Mlle. HAN SE-YOUNG

바우하우스는 시대를 영리하게 반영한 교육기관이다. 1차 세계대전 이후의 시대는 대중에게 예술을 허락할 만큼 녹록지 않았고 공장은 시대를 따랐고 대중은 예술을 원했다. 폐허가 된 땅 위에 가장 필요한 사회적 요구는 건축물이었고 발터 그로피우스는 이를 건축을 중심으로 예술과 기술의 융화라는 기막힌 슬로건으로 바우하우스라는 학교를 설립하여 학생을 양성하였다. 나는 바우하우스의 정신이 현존하는 어떠한 가치보다 비교우위에 있어서 지금까지 이 정신을 따르고자하는 사람들이 많다고 생각하지 않는다. 바우하우스는 시대를 읽어내었고 사람들의 요구를 명확히 반영하였다.
바우하우스의 작품 하나하나를 분석하고 느끼는 것도 중요하지만 왜 바우하우스의 정신이 현대사회에서도 주목되는지에 중점을 두고 싶다. '산업과 예술이 만나는 대학' 바우하우스 정신이 직결된 모교인 홍익대학교의 슬로건이다. 우리에게 진정 필요한 것은 바우하우스 개별 작품의 이해도보다 시대를 읽고 요구를 반영하는 바우하우스적인 감각을 받아들이는 것이 더욱 가치 있는 일이 아닌가? 라는 생각을 한다.

M. YUN KWAN-SEOP

2018년 1월 27일, 베를린, 11:36 pm

크로이츠베르크의 노상 카페에서 마신 늦은 블랙 커피가 나의 글쓰기를 부추긴다. 오늘의 베를린은 비가 내리는 속에서도 아무도 우산을 쓰지 않는, 그런 여전한 베를린이었다. 나에게 있어 예술이란 언제나 "Less is More"를 기반으로 한다. 대중들이 가장 부담스럽지 않게 예술을 접할 수 있을 때는 언제이며, 무엇을 바라볼 때인가? 그 질문에 대한 답은 그들이 마음을 다잡고 전시장에 가거나 박물관에 갈 때가 아니라 그들의 일상 생활 속에 예술이 알게 모르게 묻어 나올 때라는 것이다. 이러한 자문자답이 숙소에서 멀리 떨어져 있지만 그럼에도 바우하우스 아카이브를 방문하기로 마음먹게 된 계기였다.

실제 바우하우스가 아닌 아카이브를 방문한다는 것에 가기도 전에 실망감이 있었지만 구글에서나 보던 그 특유의 공장같은 외부를 보자마자 가슴이 뛰었다. 그 외벽은 예술과 기술의 융합을 추구한 바우하우스의 기조를 보란듯이 나타내고 있었다. 흰색과 빨간색의 의자와 테이블에서 사람들이 커피를 마시며 담배를 태우고 있고 그 옆에 커다란 패턴, 바우하우스 특유의 타일들이 무심하게 자리하고 있었다. 그들이 원했던 것이 이런 스며듦이었을까? 전시장 내부는 바우하우스의 기원과 그 짧은 역사, 그 이후 그들의 영향력들로 알차게 구성되어 있었지만 나는 바우하우스를 둘러 싸고 있는 그들의 간단하면서도 웅장한 디자인 신념, 그리고 그것들을 근 100년이 지나고 있음에도 자연스레 향유하는 사람들에게 매료되었다. 이 시대의 우리는 예술이라면 무언가 근사한 것이기를 바라지는 않았던가? '다르다', '특별하다' 라는 단어에 쫓기어 우리는 우리의 보편성을 잊고 살아 오진 않았을까? 주위를 둘러보자. 일상 속에 그들만의 특별함을 조용히 물들이고 있는 '평범한 예술'이 우리의 주위에 있다.

M. JUNG JI-WON

나치정권의 탄압으로 1933년 문을 닫기까지 미술, 공업, 수공예가 전천후로 활약해 다양한 예술품을 탄생시킨 바우하우스. 이 학교의 교사들은 학생들에게 단순히 '집을 짓는 것'을 뛰어 넘어 종합예술을 하도록 이끌었다. 그 시대는 물론 현재에도 꽤나 가치있게 받아들여지는 많은 작품의 비결은 그들의 연대에서 찾을 수 있다. 예술의 산업화를 모토로 바우하우스의 구성원들은 연대하고 참여하며 생활 속 요소를 디자인해나갔다.
시야를 넓혀 지금의 현실에서 연대하고 참여할 수 있는 공간을 떠올려보면 광화문 광장이 있다. 작품활동은 아닐지라도 누구에게나 열린 비움의 공간은 우리를 연대하게 만드는 기회를 제공한다. 그 연대를 통해 사회에 목소리를 내고 메시지를 던져 무엇이 옳은지 생각하게 하며 그것은 또다른 참여를 유도한다. 그 과정에서 관계의 회복과 치유가 이뤄진다. 그렇게 사회는 진일보하는 것이다. 총알이 빗발치는 전쟁속에서도 독일의 작은 예술학교는 연대를 통해 그들이 추구하는 이상을 실현시켰다.

M. KANG JU-WON

얼마 전의 나에게 묻는다. "예술이란 무엇인가요?" 나는 대답한다. "예술은 아름답고, 새롭고 특별한 무엇입니다."

오늘날 학문의 범위가 나날이 확장되면서 그것들이 서로의 영역을 침범하기도 하고, 섞이기도 한다. 한 분야만의 전문가로서 성공하기는 힘든 시대다. 영원히 독자성을 유지할거라 생각했던 분야에 다른 학문이 스며든다. 통섭, 혹은 융합이라고도 불리는 새로운 패러다임. 이것을 이미 한 세기 전부터 인지하고 실천한 집단이 있다.
1919년, 미술 아카데미와 미술 공예학교가 합쳐져 바우하우스가 탄생한다. 바우하우스는 모든 창조 예술에 대해 전반적인 지식과 기술을 가진 총체예술인 양성을 목표로 한다. 이곳의 학생은 조형훈련과 공방에서의 도제활동, 건축 활동 등 다양한 예술 활동과 공예, 기술 활동을 전부 경험해야 한다. 예술과 기술의 통합을 강조하는 바우하우스의 교육이념은 예술이 더 이상 독립된 분야이자 특별한 것이 아니라고 말한다. 천재성, 선천적인 재능에 의해 생산되던 예술 작품은 장인성과 기술에 기반을 두고 대량 생산되기 시작했고, 이는 실용성과 대중성, 예술성이 공존 가능하다는 사실을 증명했다. 바우하우스가 시작한 예술과 기술의 통합은 융합적사고의 모범이 되어 앞으로도 수많은 분야를 발전시키고 시대 흐름에 부합하는 혁신을 이뤄낼 것이다.

바우하우스의 이야기를 들은 지금의 나에게 묻는다. "예술이란 무엇인가요?" 나는 대답한다. "세상 모든 게 예술이 될 수 있어요. 내가 쥔 샤프의 모양새, 수업을 듣는 교실의 모습, 걷는 길의 형태. 예술은 특별한 게 아니에요. 우리가 당연시 했던 어떤 물건의, 건물의, 도로의 모습 자체가 이미 인간을 위한 예술인걸요."

M. CHUN DO-HOON

명품은 어떻게 명품이 되는 것일까? 오늘날 가치 있다고 여겨지는 명품은 기능적으로 특별하지 않다. 같은 기능의 저렴한 브랜드가 존재함에도 사람들이 명품을 사는 이유는 브랜드의 가치관이 담겨있기 때문이다. 이런 가치관은 제품의 디자인으로 나타난다. 결국 명품은 평범한 물건에 추구하는 가치를 반영한 디자인을 통해 탄생한다. 일상생활 속 평범한 대상에 예술적인 디자인을 부여하는 것. 예술과 기술을 종합하여 하나의 총체예술을 추구하는 바우하우스의 이념과 매우 유사하다. 바우하우스는 건축을 수단으로 일상과 예술을 결합하려 했는데, 이는 결국 예술을 일상의 공간속으로 가져오고자한 시도라고 볼 수 있다. 곡선의 다리를 가진 의자, 독특한 모양의 주전자부터 기숙사 방마다 있는 한 평짜리 베란다, 유리로 된 학교 건물의 벽면에 이르기까지 그들이 디자인하는 대상은 일상의 것이었다. 사소한 것일지라도 모든 대상 안에 바우하우스의 가치가 담겨있다. 작은 물건에서부터 커다란 건물까지 모두 아우르는 바우하우스의 디자인은 어느새 공간 자체를 채워나간다. 이를 보며 우리는 깨닫게 된다. 그들이 디자인하고자한 대상은 결국 공간이라는 것을. 그리고 그들이 만들어낸 공간을 명품이라고 부를 수 있음을 말이다.

M. HYUN SEUNG-DON

KIM DONG-GIL

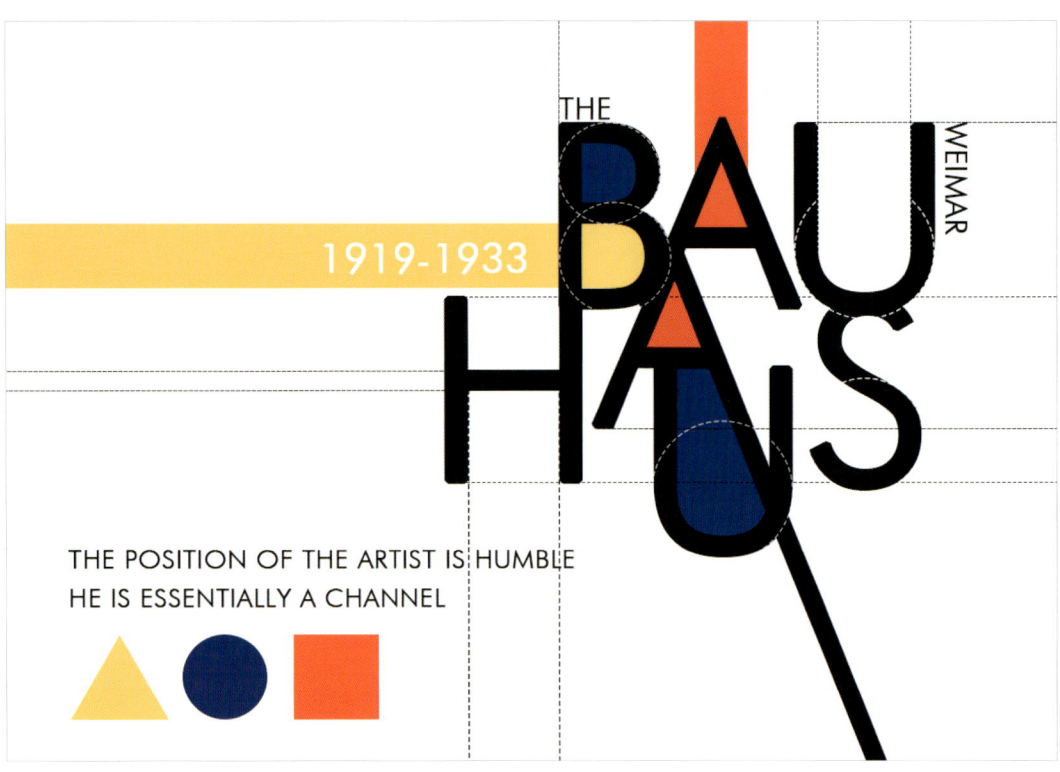

TAE YU-JIN

KIM HYE-WON +

YUN YU-RIM

JOE SOO-YUN +

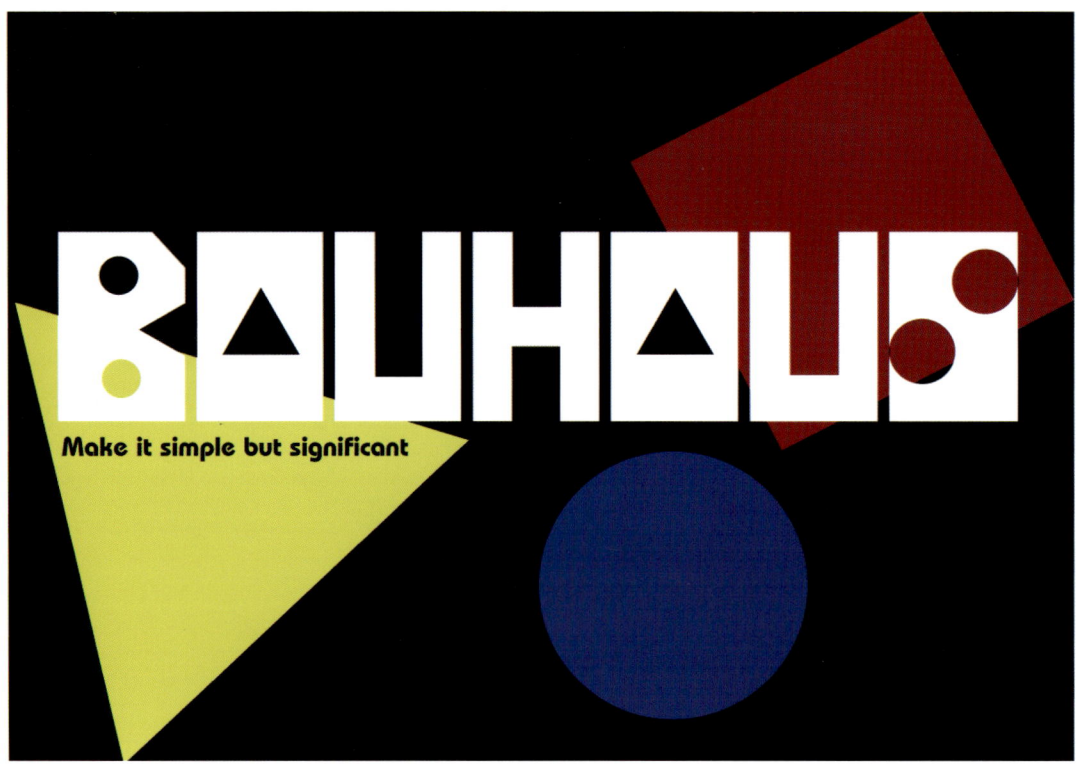

YOO YOUNG-HYUN

OH EUN-SOL

Anish Kapoor

The Other Side

플라톤의 동굴의 비유에서 죄수들은 어두운 동굴에 갇힌채 입구 쪽의 빛을 바라보지 못하고 이로 인해 생긴 그림자를 진리로 여기며 살아온다. 태어날 때부터 손발이 묶인채 그림자 만을 바라본 그들에게 그림자는 현실이고 당연한 일상이다. 그러던 중 죄수 한명이 풀려나 동굴 밖으로 나가게 되어 그림자를 형성해온 빛을 마주하게 된다. 지금까지 그림자를 진리로 여겨온 죄수에게 빛의 존재를 인정하기란 쉽지 않다. 그러나 관찰을 통해 그들의 진리인 그림자가 사실 빛이 만든 허상의 존재임을 깨달은 죄수는 이를 동굴 속의 동료들에게 전파하러 돌아온다. 동료들은 아직 빛을 직접 보지 못했기에 돌아온 죄수의 말을 쉽게 믿지 못한다.

아니쉬 카푸어의 '무제 (UNTITLED)' 는 비어있지만 채워져있는 역설적인 공간을 보여준다. 쉽사리 판단할 수 없는 공간을 마주한 관람자들은 어떤 경계에 자신이 속해있는 것인지 판단하기 어려워진다. 작가는 하나의 경계를 조성하여 실제하는줄 알았던 경계와 그 사이의 공간으로 관람자들을 초대한다. 아이러니하게도 경계에 대한 생각의 전환을 위해 그의 작품은 경계 그 자체로 존재한다. 카푸어의 심연의 공간과 플라톤의 빛은 우리가 바라보며 믿어온 경계에 대한 불신을 불러일으킨다. 물론 이러한 과정이 고정관념에 지배당해온 우리에게 받아들이기 쉬운 일은 아닐 것이다. 그럼에도 플라톤과 카푸어는 각자의 방식으로 기존의 경계 (BOUNDARY) 를 허물며 보여지는 것에 절대성을 의심없이 선사하며 보이지 않는 것을 간과하는 이들에게 경계 (ALERT) 의 필요성을 역설한다.

M. JUNG JI-WON

아니쉬 카푸어의 〈My Red Homeland〉는 채도가 낮은 검붉은 색을 사용하여 그가 나고 자란 인도 색을 표현함과 동시에 흙의 거친 표면을 그대로 노출해 만져보고 싶게 하고, 걸음을 멈추고 멍하니 바라보게 한다. 시간 당 한번 천천히 거대한 원을 그리며 레코드 판처럼 회전하는 쇠망치는 창조와 파괴를 반복하며 생명과 죽음의 순환을 보여준다. 느리게 돌아가는 시간의 궤적을 쫓다 보면 작가가 어머니의 자궁과 같은 색으로 표현한, 내가 느낀 검붉은 색의 인도가 나의 망막 뒤로 읽혀진다.

그들의 몸은 흙으로 빚은 것 같은 검붉은 색을 띄고 있었다. 몸의 보호와 축복을 위해 손과 발에 빼곡히 그려진 헤나는 착색되어 옅은적갈색의 무늬를 띄고 있었다. 인샬라(모든 것은 신의 뜻이다), 카르마(전생의 업이 현생으로 이어진다)를 말하며 명상을 권하던 그들은 강인한 내면과 달리 쉽게 다치고 붉은 피를 흘렸다. 화장터와 가깝던 건물의 배수로에서는 붉은 액체가 흘러 나왔다. 사람의 피인지 동물의 피인지 몸에 바르는 안료인지 구별할 수 없었으나 꺼림칙하고 두려운 마음이 드는 것은 오직 나 뿐인 듯 했다. 죽음은 자유를 얻는 기쁨이라며 장례식장에선 통곡 소리 하나 없었다. 죽은 몸은 태워져 강물에 위에 띄워졌고 재는 아래로 가라 앉아 진흙으로 돌아갔다. 경계 없이 찾아 오는 생명과 죽음에 그들은 보이는 것이 전부가 아니라는 듯 너무 슬퍼하지 않았다

Mlle. LEE EUN-YOUNG

'붉은 색의 은밀한 부분 반영하기'는 카푸어가 안료를 바닥에 까지 뿌림으로써 작품이 놓인 공간의 영역을 확장시키고 마치 우리가 보고 있는 카푸어의 작품이 '빙산의 일각'인 듯 느끼게 만든다. 또한 작품과 바닥의 연결은 '보이지 않는 세계'가 있음을 암시하며 보이는 것이 보이지 않는 것의 일부에 불과함을 보여준다. 보이는 세계와 보이지 않는 세계의 경계, 실상과 허상의 경계. 카푸어는 그 경계를 작품으로 보여줌으로써 관객인 우리가 그 경계와 경계의 너머의 '보이지 않는 세계'를 상상하게 만들고, 나아가 그것을 직접 보여준다. 오늘도 뉴스를 보면, 새로운 사건이 터져 나온다. 특히, 시간이 흐를수록 나오는 정치인들의 알지 못했던, 혹은 예상했던 것들 보다 더 많은 뉴스거리가 나오고 있다. 그러면 나는 생각한다. '아, 그것은 빙산의 일각이었나.'
어쩌면 보이는 모든 것들이 '빙산의 일각'일지 모른다. 우리는 보이는 것만을 믿으며, 대부분의 것들을 보지 못한 채, 알지 못한 채 살아가고 있다. 도마가 예수의 상처를 보고서야 부활을 깨달은 것처럼 우리는 직접 보고, 직접 겪어서야 잘못되었음을 깨달았다. 그러나 시간이 흐르면, 우리는 지금의 상처를 회복하고 회복된 흉터를 보며, 실수를 반복하지 않기 위해 노력할 것이다. 그러면 그것은 상처가 아닌 치유가 된다. 벽에 상처를 낸 카푸어의 작품이 '예수의 상처'가 아닌 '도마의 치유'인 것처럼

Mlle. PARK HA-YEONG

흰 배경의 바닥에 조각을 전시하고 붉은색의 가루를 뿌려 조각과 배경의 경계를 없앴다. 작가는 대중에게 어떤 메시지를 남기고 싶었던 것일까. 카푸어의 작품 철학에 미루어 보면, 보이는 것이 다가 아닌 더 넓은 보이지 않는 세계가 존재한다는 의미를 남긴 것이다. 아니쉬 카푸어의 예술에는 존재와 상실, 비움과 채움, 겉과 속의 대비되는 상반된 요소들이 '공존'하고 있다. 이는 겉으로 드러난 물질 분 아니라 그 속에 존재하는 비물질에 더 주목하는 그의 철학이 담긴 결과이다.

우리는 작품을 볼 때 본인이 경험한 바와 살면서 쌓아온 지식을 통해 나름의 기준을 가지고 해석을 하게 된다. 그러나 때로 그 기준은 오히려 자신을 가두는 벽이 될 수 있다. 카푸어의 작품을 이해하기 위해서는 조금은 그 벽에 공간을 두어야 할 것 같다. 찬 바람을 막아줄 벽은 필요하나 빛이 들어올 최소한의 공간 역시 빠질 수 없는 것처럼.

경계를 없애고 표면과 이면을 동시에 탐색할 것을 요구하는 인도태생 작가의 작품을 받아들이는 것, 보이는 것 이상의 그 무엇을 보는 것은 열린 사고를 가진 준비된 자의 몫이다.

M. KANG JU-WON

아니쉬 카푸어는 우리에게 묻는다. '보는 것을 믿는 것인가, 믿는 것을 보는 것인가'. 어두운 곳에 있을 때 공포를 느낀다. 하지만 무서운 무엇인가를 보고 공포를 느끼진 않는다. 보이지 않아서 두려움을 느낀다. 하지만 동시에 어두운 곳에 있어도 안락함을 느낀다. 잠들기 전 이불 속이나 연인과 함께 있을 때는 공포를 느끼지 않는다. 세상에는 대립적인 요소가 많다. 빛과 어둠, 옳고 그름, 생명과 죽음이 그렇다. 나도 이분법적인 개념으로 보이는 것으로 많은 것들을 나누고 있다. 하지만 카푸어는 그러한 경계에서 우리에게 질문한다. '보는 것을 믿는 것인가, 믿는 것을 보는 것인가'

무제(Untitled, 1990)은 텅빈 공간의 경계를 허물어 버렸다. 우리는 평소의 생각대로 세상을 구분한다. 하지만 보이지 않는 어둠을 볼 때 우리의 생각은 무너져버린다. 비워져 있는지 채워져 있는지 더 이상 우리의 생각으로는 판단할 수 없다. 벽에 난 상처(도마의 치유)를 보며 자상의 고통을 느낄 수 있다. 하지만 제목을 보며 더 이상 상처의 고통이 아닌 도마가 느낀 치유를 얻을 수 있다. 카푸어는 우리에게 답을 주고있다. 보이는 것이 전부가 아니란 것을.

M. JO JU-HYUN

어떤 것에 과도하게 집중을 하면 주변이 전혀 느껴지지 않을 때가 있다. 어떤 소리도 들리지 않고 어떤 환경변화도 알아차리지 못한다. 이 경우, 나와 집중의 대상을 제외한 다른 것들은 나와 함께 있기도, 그렇지 않기도 하다. 사람은 감각이 닿지 않는 대상을 없는 것이라고 규정한다. 감각에 의존해 주변을 인식하기 때문이다. 나아가 이러한 인식은 시간이 흐르기 때문에 가능하다.

시간의 흐름 속에서, 사람은 규모와 공간을 느끼고 경험을 통해 그것을 자의적으로 해석한다. 이때 공간은 비슷할 수는 있지만 같을 수는 없다. 여기에 더해 카푸어는 환경과 감각을 왜곡하고 비튼다. 따라서 카푸어의 추상은 자유로운 함의의 공간이다.

아니쉬 카푸어는 관찰자들에게 시간과 규모, 공간에서의 감각적 사유를 제안한다. 그는 보이지 않는 것에 대한 상상 (붉은 색의 은밀한 부분을 반영하기)에서부터 존재하기도 존재하지 않기도 하는 것 (보이드 시리즈), 볼 수 없는 것을 보여주는 것 (스테인리스 스틸 작품)에 이르기 까지 보이지 않는 것의 가치를 역설한다.

M. HAN GYUL

아니쉬 카푸어의 '붉은 색의 은밀한 부분을 반영하기'는 오브제의 경계를 안료를 사용하여 모호하게 만들어 그 경계가 사라지게 하였으며, '도마의 치유'는 상처이자 치유라는 의미를 가지고 있다. 그의 작품의 특징은 자로 잰 듯이 명확한 구분 선이 없다는 것이다. 하지만 이와 반대로, 한국의 전시 공간에서는 '경계'를 드러냄으로 3개의 작품으로 스토리텔링이 가능하게 하였다. 이러한 경계는 마치 양날의 검과 같다. 먼저 한 공간 안에 음양, 그리고 아메바를 전시함으로 여성과 남성 그리고 탄생의 의미를 유추 가능하게 하였다. 이렇듯 만약 이 작품들이 다른 경계 사이에 있었다면, 서로의 관계성을 생각하지 않았을 것이다. 하지만 왜 굳이 세 개의 작품을 사각형 프레임 안에 함께 넣어 사람들의 생각을 제한 시켰나 라는 생각이 들었다. 전시 공간을 나눔으로써 "이건 이러고 저건 저래서 애는 이거야"라고 친절하게 설명해 주지 않았더라면, 어떤 사람은 색다른 상상을 할 수 있었을 것이며, 어떤 사람은 서로 각기 다른 공간의 작품을 유추하며 좀 더 흥미롭게 작가의 의도를 따라 갈 수 있었을 것이다. 전시 공간이란 단순히 벽에 그림을 거는 존재가 아닌, 작가의 작품에 지대한 영향을 미치는 요소이다. 이를 효과적으로 활용한다면 더욱 매력있는 작품으로 사람들에게 와 닿을 것이다.

Mlle. OH EUN-SOL

아니쉬 카푸어의 작품을 처음 봤을 때 문외한인 나에겐 좀 난해했다. 하지만 그는 사실 아주 간단하고 확실하게 작가의 철학을 관람객에게 전달하고 있었다. '사실 그건 예수의 상처가 아니라, 도마의 치유야.', '바닥은 끝나는 경계가 아니라, 오히려 공간의 확장이야.', 혹은 '그 Void는 비워져 있는 것도, 채워져 있는 것도 아니야.' 하고 말이다. 殿槃捫燭(구반문촉), 보이는 것이 다가 아니라는 뜻이다. 和而不同(화이부동), 서로 잘 어울리지만 우르르 몰려다니지 않는다는 뜻이다. 아니쉬 카푸어의 철학이 이 두 가지 사자성어에 잘 담겨 있다. 보이는 것이 전부가 아니고, 대다수가 그렇다고 해서 그것이 정답이 아니라는 것이다. 즉 카푸어는 단지 '경계의 모호함'이라는 작디작은 작품의 주제들로서 '다양성'과 '보이는것만이 중요하지 않다.'는 보편적인 사회적 메시지를 확실하게 던지고 있다. 그저 '외적으로 아름답고 멋진' 예술작품보다는, 사람들로 하여금 고찰하게 하고 메시지를 전달하는 것이 진정 '아름다운' 작품이 아닐까, 또한 그것이 예술가가 추구해야 할 궁극적인 목표가 아닐까 생각한다. 그렇게 생각했을 때 아니쉬 카푸어는 후자를 추구하는 '진짜' 예술가이다.

M. LEE HUN-SOO

화려한 옷을 입은 사람이 있다. 비싼 장신구와 명품으로 자신을 치장한 그의 모습은 "내가 이런 사람이야", "나를 봐줘"라고 말하는 듯하다. 우리는 외면의 화려함에 이끌려 그의 모습에 주목하지만 그것도 잠시, 곧 관심을 잃는다.
수수한 옷을 입은 사람이 있다. 가난하고 초라해 보인다. 그는 "이게 나야"라고 자신을 있는 그대로 드러낼 뿐 말을 아낀다. 그럼에도 그가 가진 완숙한 시선과 깊이 있는 생각, 묘한 분위기가 타인을 끌어들인다. 우리는 그 사람에 대해 더 알아가고 싶어 하고, 알아갈수록 그를 존경하며 칭송한다.
후자는 마치 아니쉬 카푸어의 작품과도 같다.
단조로우면서도 기묘한 카푸어의 작품은 그 어떤 예술적 기교도 없이 감상자를 매료한다. 모호한 경계, 단조로운 색감을 통해 생성되는 무한한 공간감 속에서 감상자는 끊임없이 작품과 상호 작용한다. 그의 작품은 화려하지 않기에 감상자는 그것에 더 깊이 빠져든다. 또, 명확하지 않기에 그들은 작품에 대해 더 깊게 사유한다. 이 과정에서 감상자는 작품에 대한 자신만의 평가와 감상을 정립한다. 꾸준한 사유와 조정을 통해 생겨난 독자적인 평가와 감상은 오래도록 감상자의 내부에 남는다.
누군가 나에게 카푸어 예술의 가치에 대해 묻는다면 나는 이렇게 답하고 싶다: 영원히 잊히지 않을 예술 작품을 만들어 낸 것. 이는 화려함을 통해 사람들의 시선과 관심을 붙잡아 두는 것이 아니다. 감상자에게 끊임없는 사유와 성찰을 요구함으로써 그의 작품은 수천, 수만 개의 다양한 형태로 감상자 개개인의 내부에 영원히 살아있을 수 있는 것이다.

M. CHUN DO-HOON

이전에 길을 가다가 유행이 한참지난 원더걸스의 노래를 듣게 되었는데 듣는 동시에 중2학년 때에 친구들과 노래를 같이 부르는 장면이 생생하게 기억났다. 내 몸은 길을 걸어가고 있지만 생각은 8년 전으로 가있었다. 그 때 순간적으로 내가 지금 있는 곳은 내가 서있는 이 길이 맞을까? 중학교의 교실 일 수 있지 않을까? 하는 생각이 들었다. 신선한 경험이었고 이 때 처음으로 '내가 인식하고 살아가는 것만이 전부가 아닐 수 있겠다'라는 생각이 들었다.

아니쉬 카푸어의 〈to peflect an intimate prat of the red〉에서 보이지 않는 바닥면을 궁금해 함으로, 〈untiled〉에서 채움과 비움을 동시에 느낌으로, 〈The Healing of St.Thomas〉에서는 상처가 난 예수의 이야기로만 생각했지만 그게 아닌 정반대의 치유 받은 도마의 이야기를 인식하고, 〈Cloud Gate〉에서 현실이 거울표면에 비춰 보이는 것 하나로 현실은 끝이 나고 다른 세계의 시작을 느낌으로 내가 한계 짓고 살아왔던 모습을 돌아보게 되었다. 아니쉬 카푸어의 작품은 내가 있는 공간, 시간을 우리에게 또 다른 차원의 세계에서 만나게 하여 내가 잊거나 모르고 살았던 진짜의 내 모습과 세상은 어떤 곳인지 끊임없이 질문을 던지게 도와준다.

Mlle. SONG YE-JIN

"色卽是空 空卽是色"
"눈에 보이는 것이 전부가 아니고 끊임없이 변화하기에, 그것을 집착할 때 어리석음이 생긴다"는 뜻이다. 우리는 지금껏 우리가 봐왔던 세상만을 인정하고 있다. 우리의 통념과 다르다면, 그 것이 사실일지라도 거짓으로 치부해버린다.

아니쉬 카푸어는 작품을 통해 우리의 고정된 시선을 변형시킨다. 보이는 것을 넘어, 보이지 않는 것에 대한 작품으로 우리를 혼란에 빠트린다. 수직적인 시카고의 빌딩숲이 부드럽게 이어지는 곡선이 되고, 분명 보고있지만 점점 더 보이지않는 어둠 속으로 빨려 들어간다. 그의 작품을 통해, 우리는 어떤 것이 실상이고 어떤 것이 허상인 지에 대한 끝없는 물음에 빠진다. 그 물음은 우리가 허상이라고 봐 왔던 것이 누군가에겐 실상이며, 우리들이 느끼는 관점은 지극히 주관적임을 깨닫게 한다. 우리는 고작 지금까지의 인생으로 쌓인 편협한 시각으로 세상을 판단한 것이다. 아니쉬 카푸어는 '좁은' 세상을 사는 우리들에게, 작품을 통한 다양한 시각으로 '넓은' 세상을 선사하고자 한 것은 아니었을까.

Mlle. JEONG JAE-HYUN

"자기 전 화장실 거울 앞에서 셀카를 찍어야 예쁘게 나와."
거울효과는 외부세계를 반사하는가 재구성하는가. 아니쉬 카푸어의 스테인리스 스틸 작품은 거울표면을 경계로 실상의 왜곡인 허상을 반사하고 나아가 그 허상 속의 '나'까지 보여준다. 익숙했던 장소와 일상적이던 시간의 경과를 대형(大形)이자 이형(異形)인 스테인리스 스틸 거울을 통해 보면 우린 그 앞에 멈춰 설 수밖에 없다. 그 앞에선 오늘따라 나와 내가 있는 세상이 참 달라 보이니까.
같은 원리로 화장실 거울 앞에 멈춰선 동생의 말을 들을 때마다 나는 반박하고 싶어 안달이 난다. 그거 다 조명 때문이야. 본판이 예쁘면 어디에서 찍어도 예뻐. 졸려서 착각하는 거 아니야? 거울 속 예쁜 얼굴이 진짜 네 얼굴일까? 왜곡이고 허상이야, 재구성된거라고! 하지만 나는 말을 삼키고 평소엔 자존감이 낮은 동생의 순간적 나르시즘을 즐기도록 내버려둔다. 동생이 오늘 밤 문득 화장실 거울을 봤다면 생각했겠지. '오늘 나 좀 예쁜데?'

Mlle. KIM YE-JI

대부분의 인간은 자신의 내면을 깊이 바라 보지 못한다. 또는 어떤 것의 본질 혹은 그것의 의미를 깊이 생각하지도 못한다. 우리 인류는 점차 사색 하는 법을 잊어가고 있는 것이다. 지나가는 자동차의 경적소리에 놀라고 수시로 울리는 휴대폰의 알림 소리에 익숙한 지금의 우리는 그렇다. 우리는 일초가 다르게 변해가는 빠른 세상 속에서 적응하며 긴장해야하고 움직여야만 한다. 그래야만 도태되지 않은채 이 세상에서 버터 나갈 수 있기 때문이다. 모든 것들이 정처없이 달리고 있는 이 세계에서 정지해있는 것은 없다. 달리고 있지 않은 자신에게 죄책감을 느끼며 우리는 이유도 어디로가고 있는지도 모른채 쉽없이 뜀박질을 시도 하는 것이다. 이런 우리에게 아니쉬 카푸어의 작품 "gathering clouds"는 이렇게 말을 걸어오는 듯 하다. 잠시 멈추어도 괜찮다. 이 작품의 존재를 통해 우리는 각자의 내면 속으로 한없이 침잠 한다. 깊고 검은 원형을 계속해서 바라보며 그 순간만큼은 자신 이외의 어떠한 것도 사고하지 않은 채로 인간은 존재하게 된다. 작품은 통로로 기능하며 보는 이는 그 통로를 통해 자신의 내면을 깊숙이 들여다보게 되는 것이다. 감동은 작품이 아니라 자신의 내면을 오롯이 바라본 경험에서 온다. 그렇기에 아니쉬 카푸어 , 그의 작품은 작품을 넘어선 또 다른 가치로 우리의 마음을 두드려온다.

Mlle. NAM SONG

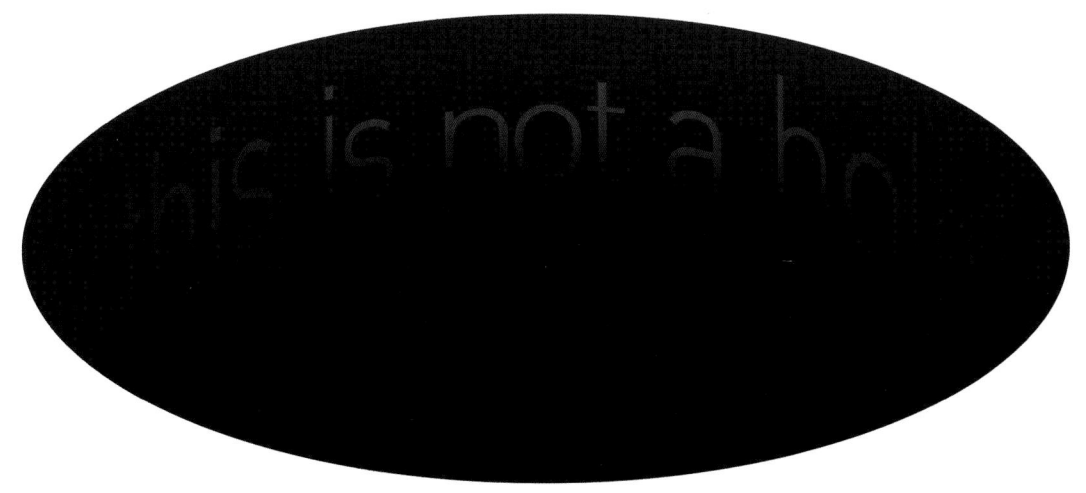

KIM DONG-GIL +

맞아. 아니야.

"여기서부터 여기까지는 A고, 거기서부터는 B야"
"저 행동은 악(惡)이고, 그 행동은 선(善)이야"
"여기가 앞면이고, 여기는 뒷면이지"

맞아. 아니야.

나는 얼마나 많은 것을 보고 믿으며, 구분지어 경계를 만들었는가.
그리고 그 경계로 인해 내가 보지 못한 것들은 얼마나 무수히 많을까.

책상에 앉아 과제를 고민하는 나에게 아니쉬 카푸어는 묻는다.
포스터라는 형식이 가진 경계는 무엇인가.
'단면의 사각형 종이 위에 그려진 이미지와 텍스트'가 포스터로 구분지어지는 경계인가?

이 포스터는 질문에 대한 스스로의 답이다.

Anish Kapoor

KIM HYO-JEONG

RA YEON-SU

JOE SOO-YUN

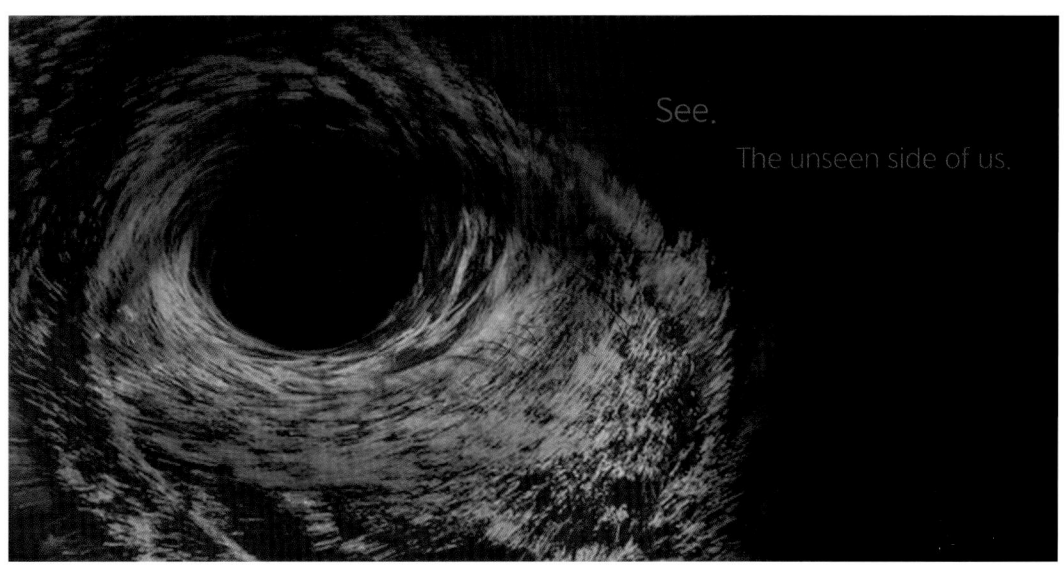

YUN YU-RIM +

우리가 본 적 없는, 눈에 보이지 않는 것들을 그는 '보이는 것'을 통해 보게 만듭니다.
그의 작업들 여러 군데에서 발견할 수 있는 끝을 알 수 없는 구멍.
이 곳을 통해 우리는 우리 자신의 몸 속 깊숙이 들어가기도 하고, 존재하지 않는 깊이를 체험하기도 합니다.
그가 만든 '구멍'이라는 통로는, 이를 보는 사람의 '눈'과 하나가 됩니다.

TAE YU-JIN

JANG JI-WON

Markus Raetz

Obscure Boundary

완벽한 대칭의 얼굴은 없어서 사람마다 왼쪽과 오른쪽의 얼굴이 조금씩은 다르다고 한다. "오른쪽 얼굴이 나오게 찍어줘. 나는 오른쪽이 자신 있거든" 어느 쪽이든 네가, 네가 아니겠느냐마는 그 말을 듣고 친구의 오른쪽 얼굴을 보니 왠지 낯선 기분이 든다. 찍은 사진을 보며 "나 코 끝을 더 세울까 봐, 입술에 맞은 주사가 다 꺼져가는 것 같은데 한번 더 맞을 때가 된 거 같지 않아? 어때? 괜찮아? 세울까? 채울까? 좀 더 기다릴까? 여기서 더 맞으면 이상해 보일까?" 말하며 너는 손거울을 꺼내 얼굴을 이리저리 비춰 본다. 너는 거울을 통해 어떤 시선으로 본질을 보고 있는 거니 묻고 싶었으나. "아니야 넌 지금도 충분히 예뻐. 더 손대지마. 사실 뭐 네가 수술을 하던 주사를 맞던 네 외모가 어떻게 변하던 똑같아 나한테 넌. 덜렁이가 뭐 어디가겠냐." NO로 시작해 해도 상관없어 YES로 끝나버린 나의 대답에 친구는 다시 거울을 들여다본다. 친구의 좁아진 미간이 반사되어 보였다.

눈으로만 판단하는 것이 얼마나 불완전한 것인지. 마르쿠스 라에츠는 〈CROSSING〉을 통해 YES와 NO 중 하나의 선택만이 정답인 것이 아니며 시간과 장소가 변화함에 따라 경계는 언제든 허물어 질 수 있는 것이라 말한다. 거울 속엔 진실도 정답도 없는 것이다. 다음에 친구를 만나면 묻고 싶다 "너는 내 무엇이 좋니?" 답은 YES/NO가 될 수 없다.

Mlle. LEE EUN-YOUNG

보고 싶은대로 보고 듣고 싶은대로 듣는다. 대부분의 사람들은 같은 사실을 보더라도 다른 해석을 하기 마련이다. 이러한 현상을 프레이밍 효과라고 한다. 그리고 그런 해석을 만드는 과정을 프레이밍이라고 한다. 언론사에서 제공하는 기사는 정확한 정보를 전달한다고 생각할 수 있지만 해당 언론사의 입맛에 맞는 논조가 함유되고 그러한 내용은 우리의 생각을 프레임 안에 가두게 된다.

마커스 레이츠는 이러한 프레이밍에 관해 생각해볼 수 있는 기회를 제공해준다. 산에서 주운 단순한 나뭇가지를 회전 을 시킨다. 그리곤 우리는 그 모습에서 여인의 몸을 상상한다. 누구도 그 나뭇가지를 여성의 몸이라고 설명하지 않았음에도. 또한 작품을 보는 방향에 따라서 Yes가 되고 No, oN으로 다양하게 보인다. 너무나도 자명하게 사실이라고 받아들여지는 일에 대해서도 다른 해석이 언제나 존재할 수 있다는 점을 시사한다.

나는 친구들과 이야기를 할 때에 어떤 사실에 대해서 정의를 내리는 것을 즐겨했다. '정답은 없지만 오답은 있다' 라고 말하며 나름 다양한 방면에서 해석을 했다고 생각했고 내 말이 다 맞는 것 처럼 이야기를 했다. 논리적으로도 내 말이 맞고 그 말을 반박하기는 쉽지 않았다. 그러나 그것은 단순히 내가 먼저 그들에게 프레이밍 작업을 한 것이고 그들은 그 프레임 안에서 나의 말에 동의를 해준 것 뿐이었다. 다른 시각은 언제나 존재한다. 마커스 레이츠의 작품은 정보의 홍수 속에서 프레임에 갇히지 않고 세상을 바라볼 수 있는 좋은 기회를 만들어준다.

M. SUN WOO-SOL

시선에 따라 이리저리 바뀌는 책받침이 있었다. 각도를 다르게 하면 다른 캐릭터의 모습이 보여 이리저리 움직이며 재밌어했다. 마커스 레이츠의 작품도 우리에게 그러한 재미를 준다. yeS로 보이던 조각이 다른 각도에서 No로 보인다. 아무것도 아닌 돌기둥 들이 건너언덕에 올라서면 사람의 얼굴로 변한다. 전혀 상관없는 판들을 포개어 놓은 것은 여성의 몸으로 바뀐다. 그의 작품 속에선 지금의 시선은 중요하지 않다. 점들이 회화가 되고 선들이 조각이 된다. 더 이상 yeS와 No의 경계가 의미없다.

나의 기분에 따라 늘 걷던 길이 예수가 죽음을 앞두고 걸어가던 골고다 언덕이 되고, 자유를 향해 애굽을 나오는 모세가 걸어간 홍해가 되기도 한다. 마커스 레이츠는 정교하게 계산된 자신의 세계로 초대한다. 그의 세계 안에서 무너진 경계를 보며 우리의 관념이 얼마나 무의미한지 깨닫는다. 각각의 관념들은 독립된 점들로 보이지만 그러한 점들이 모여 하나의 선을 이루고 선들이 조각이 된다. 광화문 광장에 모인 점과같은 촛불들은 역사를 만들어 냈다.

우리는 우리의 삶의 시선을 바꾸고 우리의 마음을 모아야한다. 평범과 비범, 의미와 무의미, 가치와 무가치의 경계에서 마커스 레이츠를 기억하자.

M. JO JU-HYUN

우리는 흔히 이런 말을 자주한다. '그건 사실이야' 마치 이 말은 '그건 진실이야'라고 말하는 것과 같이 느껴진다. 그러나 사실(fact)과 진실(truth)은 다르다. 진실은 내가 그 사실을 어떻게 인지하느냐의 문제이다. 사람들은 보는 것을 믿고 보이지 않는 것에 대해서는 생각하지 않는다. 그렇기에 우리는 우리가 보는 사실을 진실로 받아들인다.

중절모를 쓴 남자일까. 토끼일까. 그것은 둘 다일 것이다. 중절모를 쓴 남자 또한 사실이고 토끼의 형상도 사실이다. 무엇이 진짜인지는 우리가 인식하기에 따라 다르다. 남자로 보인다면, 우리는 그 작품이 남자의 형상을 나타낸 것이라 믿고, 토끼로 보인다면 그 작품은 토끼가 된다. 그러나 시간을 소비하며 변하는 동선으로 우리는 작품의 또 다른 이면(남자이거나 토끼이거나)을 보게 된다. 그리고 관객은 '어? 토끼이기도 하네./남자이기도 하네.'라고 생각한다. 나아가 우리가 보는 것만을 믿으며 살고 있고, 얼마나 세상을 선입견에 맞춰 바라봤는지에 대해 인지하게 만든다. 마커스의 작품은 이처럼 편협한 인식에 '의심'을 하게 만들어준다. 그는 그의 작품이 '무엇'을 나타낸 것인지를 중요하게 만들지 않는다. 그것을 바라보는 우리의 '인식'에 대해 고민하게 만드는 것. 그것이 그의 작품이다. 그리고 그 의심은 내가 보지 못한 이면을 생각해보게 만든다.

Mlle. PARK HA-YEONG

T동 열람실에서 나와 자취방 앞에 활짝 피어난 벚꽃을 마주했다. 깊은 밤 속 노란 가로등에 비친 봄의 벚꽃은 마치 짙게물든 가을의 은행잎을 연상시킬 만큼 노란빛을 띠고 있었다. 연분홍색이 아닌 노란색으로 비친 벚꽃은 더욱 황홀한 색을 내 눈에 내비치고 있던 것이다. '인간 심리의 이해' 교양을 듣다가 교수가 학생들에게 문제를 냈다. "제가 말하는 것을 들은 다음에 순서 상관없이 적으라 할 때 다 적으세요. 사과, 빨간색, 기차, 철수, 노란색, 바나나, ……." 학생 저마다 외우는 방식이 조금씩 달랐다. 무작정 외우는 학생, 사과와 빨간색 같이 두 개씩 짝을 지어 외우는 학생, 머릿속에 그림을 그려 외우는 학생, ……. 정답은 없었고 그저 저마다 방식이 달랐을 뿐이었다. 내가 겪었던 두 가지의 사례에 마커스레이츠의 철학이 잘 담겨 있다. 어느 방향에서 보느냐에 따라 모습이 달라지는 그의 작품들처럼, 시공간에 따라 벚꽃의 모습은 변했고, 사람마다 어떤 것을 대하는 방식 또한 달랐다. 다름 속에서 더 멋진 광경을 볼 수도, 다른 사람에게서 더좋은 영감을 얻기도 한다. 즉, 그 '다름'의 중요성을 아는 그는 작품들을 통해 다름을 인정하고 존중하게끔 사람들에게 계속해서 메시지를 던지고 있는 것이다

M. LEE HUN-SOO

나의 뒷모습을 관찰하는 프로젝트를 한 적이 있다. 처음엔 그냥 궁금해서 였다. 평소에 수도없이 보는 남의 뒷모습에 비해 정작 내 모습은 제대로 알고 있지 못하다는 생각도 있었다. 뒷모습을 알면 왠지 나 자신과 더 친해질 수 있을 것만 같았다. 그렇게 주변 사람들에게 내 뒷모습이 찍힌 사진과 영상들을 받았고, 그 다음으로는 집에서 나의 책상, 컴퓨터에서의 뒷모습을 녹화했다. 사람들에게 받은 사진은 평소에도 보던 a라는 나의 모습이었다. a는 그래도 꽤 친근한 사람이었다. 하지만 집에서의 내 모습을 녹화한 영상 속엔 B라는 전혀 다른 사람이 있었다. 이상하다 분명 다 같은 나의 뒷모습인데... a와 B가 달라 보이는 이유는 간단했다. a는 내가 자주 보았고, B는 본 적이 없기 때문이다. 나는 내가 B의 모습을 가졌다고 믿고 있지 않았던 것이다. 너무 신기해서 a와 B를 사람들에게 비교해서 보여주었다. 하지만 모두 시큰둥하게 말했다. "똑같은데?"

영원히 볼 수 없는 달의 뒤편처럼, 결국 나는 진짜 나의 뒷모습을 보지 못했다. 아니 사실 나는 나의 앞모습도 본 적이 없다. 그저 거울, 카메라 렌즈라는 '경계'가 보여주는 것을 믿고 있을 뿐. 보았기 때문에 믿는 것이 아니라 이미 그렇다고 믿고 본다는 것은 정말이지 씁쓸한 이야기다. 하지만 마커스의 영상을 보면서 한 가지 깨달은 것이 있다. 진짜로 보지 못하기 때문에 생기는 환상, 궁금증이 그 존재를 더 매력적이고 가치 있게 만든다는 것. 사람들은 죽을 때까지 자신의 진짜 모습을 보지 못한다. 하지만 괜찮다. 우리는 그저 수많은 세상의 '경계'를 통해 우리를 관찰하고 감상하면 그걸로 충분하다.

Mlle. YUN YU-RIM

나는 마커스 레이츠의 작품을 보고, 복잡미묘한 생각이 들었다. 작품의 형태가 새로운 누군가를 알아가는 나의 모습과 닮았다고 생각했기 때문이다.

누군가를 알아간다는 것은 흥미롭다. 그 때에는 도저히 이해할 수 없었던 그 사람의 말투, 행동, 표정이 어느 순간 이해가 된다. 많은 시간이 흐른뒤에야 이해할 수 있다.

'Modern'이라는 한 시대의 막이 내리고, 'Post Modern'이 시작된 지금, 우리는 지나간 시대를 해석하고, 의미를 부여한다. 또한, Post Modern의 의미는 이 시대가 끝나고 다른 시대가 시작된 후에 비로소 정립될 수 있을 것이다. 진행되는 '동안'에 우리는 그 의미를 알아내기위해 안간힘을 쓰지만, 모든 것이 명확해지는 것은 결국 시간이 흐른 후이다.

마커스 레이츠는 그의 작품을 통해 이 진리를 표현하고 있다. 분명 Yes였던 조각상이 보는 위치를 이동하자, No가 된다. 그래서 저것은 Yes일까, No일까? 둘 다 아닐까? 우리는 마음 속으로 규정을 지으며 살아간다. 하지만 시간은 이러한 우리를 비웃는 듯이 절대성의 부재를 증명한다. '동안'이 끝나면 '순간'의 진리가 찾아온다. 그리고 그 '순간'은 기존의 믿음을 뿌리 채 흔들만큼 강력하다. 긴 인내의 시간이 끝나고, '순간'이 오기를 바랄 뿐이다.

Mlle. JEONG JAE-HYUN

"seeing is believing . believing is seeing" 보이는 것이 믿는 것이고, 믿는 것이 보이는 것이다.
우리는 모두 흐름 속에서 살고 있다. 그 흐름을 구성하는 것은 순간이지만, 우리는 정지된 순간을 보지 못한다. 흘러감을 알기에 순간이 있다고 믿는 것이다. 마커스의 작품은 관람자에게 정지된 순간을 보게 함으로써 시간의 경계를 느끼게 한다. 시간은 계속적으로 흘러가고 있다는 자명한 명제 속에서 우리의 움직임에 따라 찰나의 순간을 제공해준다. 그 찰나의 순간, 보이지 않던 형태는 형상을 갖추고 완성된 오브제는 우리에게 새로운 진실을 제공한다. 우리가 믿고 있던 대부분의 진실은 한 개인의 세계 속에서 정의된 진실이며 그것은 거짓일 수 있다는 것, 언제나 다른 진실이 고개를 감추고 있을 수 있다는 것, 우리는 그 진실을 찾아낼 수도, 찾아내지 못 할 수도 있다는 것.

Mlle. HAN SE-YOUNG

역시 나는 옳다.

친구들이 결혼을 했다. 아이도 낳았다. 주위를 둘러보니 어느새 나는 어른이 되었다.
어른은 책임을 져야하고 판단해야만 한다. 그래야 어른이니까.
책임이 두려워지니 내 판단은 옳아야만 한다. 나는 어른이니까.

점이 모여 선을 이루고 그 선이 형태를 이룬다고 한다. 하지만 나는 선을 보았다. 누군가가 이것이 형태라고 했다. 내가 바라본 선이 누군가에게는 형태가 아닐까? 점과 선의 경계는 어디에 있는 것인가. 질문 하지말자 경계는 있을 수 없다. 내가 본 선은 그대로의 선일뿐이어야 한다. 그 사람은 틀렸다. 나는 어른이니까.

마커스 레이츠의 작품을 본 나는 거북했다. 아니 불쾌했다. 그것은 돌이어야만 한다. 돌이니까 돌이여야만 한다. 시간이 지났다. 나는 불쾌함에 뒤로 물러섰고 돌이 있던 자리엔 돌은 없고 한 사람이 나를 바라보고 있었다.

역시 내가 이번에도 옳았다. 나는 어른이 맞았다. 어린왕자에게 네가 그린 보아뱀은 모자일 수밖에 없다고 알려줄 수 있는 그런 어른이 맞았다.

M. YUN KWAN-SEOP

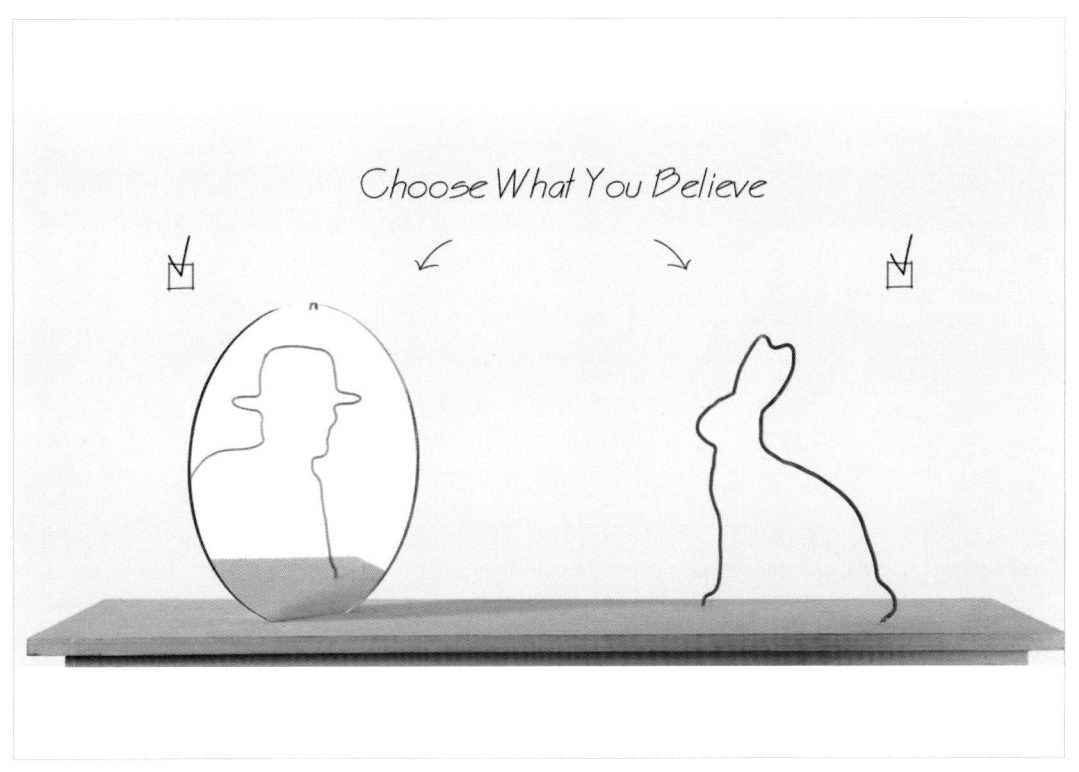

KWON HA-YOUNG

KIM HYE-JI

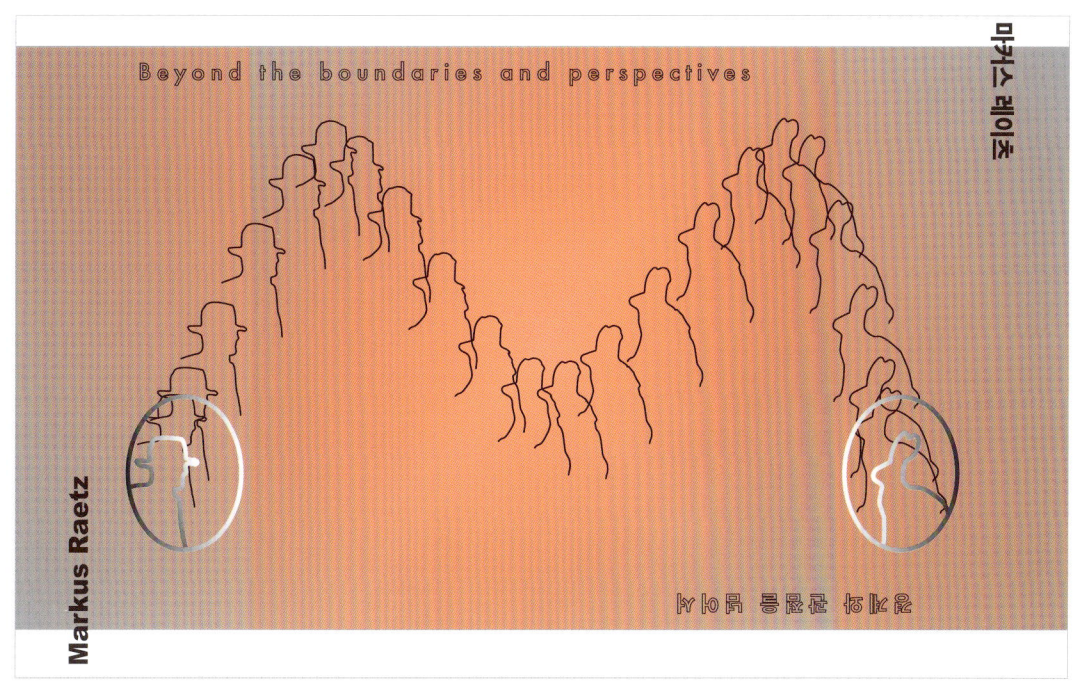

JANG JI-WON

Markus Raetz

looks like lines? or what?

JOE SOO-YUN

CONTINUOUS PROCESS OF OBSERVATION
MAMMARKUS RAETZZTZ

TAE YU-JIN +

Georges Rousse

Place of Memory Over Time

오랜 시간 우리 가족은 반지하주택에서 살았다. 반지하주택이 사회통념상 부끄러울 수 있다는 사실을 알게된 건, 아파트로 이사 온 뒤 "근데 왜 그동안 '그런 집'에 산거야?"라는 친구의 질문을 받을 때쯤 이었던 것 같다. 사실, 객관적으로 보면 누가 봐도 열악한 환경이긴 했다. 벌레가 하도 많이 나와 아무렇지 않게 잡는 지경이 됐고, 장마철엔 물이 흘러내려와 하루종일 양동이로 퍼내곤 했던 곳이었으니 말이다. 하지만, 공간을 완성시키는 것은 객관적 형태가 아닌 시간이 만들어 낸 흔적들 아닐까. 그 반지하주택엔 우리 가족의 발자국, 웃음 자국, 추억의 자국들이 '조르쥬 루쓰의 노란 별' 대신 새겨져 있다. 객관적인 시선으로는 절대 볼 수 없는, 우리 가족만이 볼 수 있는 진한 흔적들 말이다. 모든 공간은 나로 인해 재해석된다. 그 공간 속에 새겨진 시간과 기억들이 그 장소를 완성시키는 것이다. 그러니까 그 집은 초라한 반지하주택이 아니다, 적어도 우리 가족에게 만큼은. 아직까지도 우리 가족은 그때의 집을 회상하면 추억들로 웃음꽃을 피운다. 아마 그 집에 대한 흔적이 꽤나 진한 색으로 새겨져 있는가 보다.

M. KIM DONG-GIL

조르쥬 루쓰의 작업은 공간의 일생을 기리기위함이 아닐까?

중학교에 입학하던 해, 나는 다른 동네로 이사를 갔다. 이사를 가고 난 후, 우연히 예전의 집을 찾아간 적이 있었다. 그 곳에 도착했을 때, 그 곳은 내 기억 속의 공간이 아니었다. 그 공간에는 내가 좋아하던 소파도, 유난히 아꼈던 장식장도 없었다. 처음에는 나의 일부였던 곳이 사라진 것 같은 상실감이 들었다. 하지만 구석구석을 다시 찬찬히 살펴보니, 그 곳에는 소중한 나의 집이었던 그 '장소'가 남긴 흔적들이 있었다. 키를 기록해 둔 선들, 창문에 붙여놓은 야광별들... 시간에 흐름에 따라 현실 속 공간은 변해갔지만, 기억 속 장소는 항상 나의 시간 속에서 추억되어 있던 것이다.

조르쥬 루쓰는 생을 마친 3차원 공간에 그림을 입혀, 사람들에게 저마다의 의미를 가진 '장소'였던 그 공간의 일생을 재조명한다. 청담 프로젝트 작품에서, 그는 시간에 따라 변해가는 별의 모습을 통해 한 장소의 삶을 말해주고 있다. 한 장소가 변화하고 사라진다 해도, 그 장소가 남긴 흔적은 그 곳을 공유하던 사람들의 기억 속에서 머물러 함께 살아있다는 이야기를 전달하는 것이다.

'나의 관심사는 공간의 변형에서 발생하는 시(詩)적 순간을 나누는 것이다.' 라는 그의 말처럼, 그는 작품을 통해 사람들에게 마음 속 한 켠을 차지하고 있던 장소를 추억할 계기를 선사하고 있다.

Mlle. JEONG JAE-HYUN

서양사람들은 산 사람들에게서 잊혀질 때 비로소 진짜로 죽는다고 생각한다. 영화 '코코'에서도 이러한 관념이 드러난다. 제단에 사진이 없는 영혼은 자식들을 보러 이승으로 내려갈 수 없다. 인지의 영역 밖의 것은 존재하지만 존재하지 않는다.

공간도 그렇다. 목적을 가지고 만들어진 만큼, 사용하지 않는 공간은 더욱 빠르게 그 의미를 잃고 도태된다. 버려진 공간을 들여다보는데 사람들은 일부러 시간을 투자하지 않는다. Georges Rousse는 이러한 공간으로 관찰자를 초대한다. 3차원인 공간을 2차원의 영역으로 끌어내리면서, 덧붙여 관찰 공간과 위치를 설정함으로서, 그는 관찰자가 공간 속에서 시간을 들여 그 의미에 대해 사유하도록 만든다.

나아가 Georges Rousse의 공간은 그것이 도태를 넘어 시작을 시사한다는 점에서 이전의 공간과는 다르다. 경계는 작품을 복수의 차원으로 분리하면서 새로운 가능성을 부여한다. 그리고 이러한 가능성은–철저하게 관찰자를 유도하는–작가의 의도를 통해 공개되고 인지된다. 이와 같은 견지에서 Georges Rousse의 작품은 버려진 공간에 대한 헌사이며 소생에 대한 희망이다.

M. HAN GYUL

Georges Rousse는 비어있는 공간을 찾아 작업을 펼쳐 나간다. 그리고 그 속에서 머무는 기억을 되살린다. 그의 작품은 정확한 각도에서 바라볼 때만 완성된 형태가 나오며, 3차원의 공간속에 선이나 원, 다각형의 형태를 평면에 표현해낸다.

이러한 Georges Rousse의 작품에는 기억, 시간, 공간이 일체화되어 카메라에 담겨진다. 현상된 사진 한 장에는 공간이 가지고 있는 과거의 기억과 시간이 흘러녹아있다.

작가는 시간이 흘러감에 따라 우리의 머릿속에 남아있는 왜곡되고 불안정한 기억을 넘어서, 명확한 형태의 기록과 작품을 남겨 그 장소의 시간과 기억이 하나가 되도록 하는 메시지를 남긴다.

소멸되는 한 순간이 아닌 영원히 남아있는 기억이 될 수 있도록

"나는 어떤 공간도 소유하지 않으며, 그 어떤 공간도 영원하지 않다." Georges Rousse가 남긴 말이다.

그는 영원하지 않을 공간에 영원할 기억을 남겨 두었다

M. KANG JU-WON

일반적으로 미술관에 예술작품을 감상하러 간다면 그 작가에 대한 소개와 함께 그 작품을 직접 느껴보라고 한다. 이러이러하게 감상하면 더 좋다 라고 설명을 해주기도 하지만 전체적인 맥락을 잡아주는 역할을 할 뿐 직접적인 작품감상을 다 도와주지는 않는다. 그 작품 앞에서 혹은 그 작품 안에서 감상자 본인의 감성으로 작품을 해석하고 느끼길 바라기 때문이다. 그러나 조르쥬 루스의 작품을 보다보면 그가 의도한 시선에서 벗어나게 된다면 전혀 다른 작품으로 보이게 된다.

그는 장소에 담겨있는 기억에 관한 작품을 만든다. 장소는 시간에 흐름에 따라 여러가지 요인에 따라 모습을 달리 하지만 그 장소에 담긴 기억은 변하지 않고 그 장소를 예나 지금이나 같은 장소로 느낄 수 있게 해준다는 것이다. 하지만 장소에대한 기억이 없다면 바라보는 그 시점에서 장소에 대해서 기억을 할 것 이다. 예로 15년전 살던 동네에 친구와 같이 찾아갔을 때 겨울에 눈이오면 썰매를 타는 장소를 보여주었다. 친구에게 그 장소에 대한 추억을 설명해주기 전에는 친구의 눈에는 그저 작은 산을 올라가는 등산로였다. 이러한 이유로 작품을 의도하는 시선에서 사진으로 남기고, 그 공간에 우리가 갖지 못하는 기억을 그의 시선으로 공유시켜준다. 이렇게 장소는 그 물리적인 자체로 본질이 아닌 기억과 함께 했을 때 완성된다는 것을 알려준다.

M. SUN WOO-SOL

Point of view

문득 멈칫할 때가 있을 것이다. 잊고 있던 무엇인가 생각났기 때문에. 누군가 나를 불렀기 때문에. 혹은 새삼스런 발견 때문에. 만약 공간에서 그것을 느꼈다면, 그래서 문득 멈칫했다면 Georges Rousse가 했듯 그 자리에서 사진을 찍고 싶어질 것이다. 잊고 있던 추억이 생각났기 때문에. 추억 속 네가 나를 불렀기 때문에. 새삼스레 그곳에서 그리움을 발견했기 때문에.

여름 밤하늘을 찍으러 춘천으로 출사를 갔다. 별을 찍으려면 조리개를 오래 열어놓아야 해서 삼각대가 없으면 찍기 어렵다는 남자친구의 말을 기억했다가 생일선물로 삼각대를 준 지 반년만의 출사였다. 우연히도 그 날은 그 해 들어 가장 깨끗한 밤 하늘이었고 은하수까지는 안 보였지만 견우성과 직녀성 사이 흐르는 별의 물줄기가 보이는 듯했다. 우리가 삼각대를 세워둔 곳, 그곳을 중심으로 별들이, 하늘이, 여름이 궤적을 그리며 돌았다.

지구도 태양을 한 바퀴 돌았다.

보이지는 않았지만 우리 사이엔 은하수가 흘렀고 나만 다시 춘천에 왔다. 문득 삼각대처럼 선다. 너를 찍으려면 조리개를 오래 열어놓아야 해서. 나를 중심으로 그 날과 같은 별이, 하늘이 여름이 궤적을 그리며 돌았다. 북극성의 기분이었다.

Mlle. KIM YE-JI

누군가의 추억이 담겼지만, 현재는 세월이 지나 버려진 장소들.
그리고 그러한 장소들을 재구성해 미리 설정해놓은 위치와 초점에서 단 한 컷의 사진으로 남게 되는 조르쥬루쓰의 작품.
사진을 찍은 이후의 공간은 최대한 비슷하게 맞추려고 노력해도 그 당시의 작품과 정확히 맞춰지지 않는다.
우리의 기억 속 모든 공간은 그의 작품과도 같다. 한 공간에 대한 기억은 그 당시의 시간, 온도, 냄새, 주변인 등 매우 다양한 요소들의 조각들이 절묘하게 맞춰진 순간이며, 그 순간은 다시 똑같이 맞출 수 없다.
조르쥬루쓰의 사진과 같은 각도에서 같은 모양을 보기 위해 노력하는 행동은 한 장소에 찾아가 예전의 기억 속 공간을 마주하기 위해 노력하는 우리의 모습과 닮아있다.

Mlle. KIM HYE-WON

과거부터 인간은 절대 혼자서는 살아가지 못했다. 원시 시대에는 육식 동물을 잡기 위해 단체로 사냥을 나가야 했으며, 이후 전쟁에서 이기기 위해 많은 사람들이 나가 싸워야 했다. 과거뿐만 아니라 지금도 여전히 다양한 목적을 위해서 사람들은 혼자가 아닌 군중이라는 이름으로 뭉쳐 나가고 있다. 물론 중학교 학급에서 장기자랑 상품을 위해 다 같이 노력하는 것도 한 예시이지만, 재 작년 대한민국 한 대통령의 잘못을 밝혀내기 위해 많은 국민들이 목소리 높여 싸웠던 것이 그 중 나에게 가장 인상 깊었다. 광화문 거리의 각기 다른 사람들은 마치 퍼즐이 맞춰지듯 하나의 목표를 향해 걸어 갔다. 결국 우리는 목표를 이루어 냈는데, 이는 국민 한명 한명이 있었기 때문에 가능했다고 생각한다. 이처럼 조르쥬 루쓰의 작품도 구성 요소 모두가 전체 작품을 위해 그 어느 하나 버릴 수 없는 중요한 존재라고 생각한다.(하나라도 없다면 작품 성립이 안 된다) 그의 작품은 가까이에서 보았을 땐, 허물어진 벽의 낙서같이 보일 뿐이다. 하지만 이를 몇 걸음 떨어져서 보았을 때, 비로소 작가가 표현하고자 했던 전체 이미지를 볼 수 있다. 우리는 그의 작품에서 전체에서 숫자1(하나의 요소)의 중요함을 생각해 볼 수 있다.

Mlle. OH EUN-SOL

'내가 장소를 기억하는 방법'

나에게 있어 여행에서 가장 기억에 남는 곳을 묻는다면 아무래도 이탈리아의 피렌체와 일본의 오타루다. 각각 내가 가장 좋아하는 영화 '냉정과 열정 사이'와 '러브 레터'의 주 배경을 이뤘던 곳이기 때문이다. 거의 20년 전의 영화들의 장소와 현재의 나를 이어주었던 것은 다름 아닌 oSt였다. 단지 그 장소를 여행하거나, 집에서 oSt를 듣는 것이 아닌, 장소와 oSt가 결합해 다가왔던 것이 나에겐영화 속 장면을 옆에서 생생히 말해주는 것 같은 '스토리텔링'이었기 때문에 내 마음속에 더욱 각별히 새겨진 듯하다. 마치 조르쥬 루쓰가 버려진 장소에 아나모포즈로서 본질적으로 변치 않는 장소를 기억하는 것처럼, 나에겐 영화의 실제 배경에서 들려온 oSt가 20년 전과 현재의 시간을 동일시하게 해주면서 영원한, 아니 영원할 그곳에서 내 맘속에 특별한 감정을 불러일으켜 주었다. 내가 장소를 기억하는 방법이 루쓰와 바리니의 표현 방법에 포괄적으로 담겨 있다. 즉 사람마다 장소를 기억하는 방법은 다를 수 있지만, '기억의
본질은 변하지 않는다'는 주제로서 그들은 보편적으로 모든 사람의 장소에 대한 기억을 담는 혹은 새롭게 불러일으키는 기억의 방법을 포괄할 수 있는 표현으로서 아나모포즈를 사용한 것이다. 그들의 작품을 보면서 기억 속의 저장되어 있던 피렌체와 오타루가 자연스레 머릿속에 그려지는 것이 그들이 원하던 것 아닐까 생각해본다.

M. LEE HUN-SOO

청담 프로젝트 서울 1, 서울 2, 서울 3엔 공간이 존재한다. 그 공간은 한때는 황무지였을것이고 한때는 누군가의 포근한 가정이었을 것이고 또 한때는 버려진 공간이었다. 시간이 지남에 따라서 공간은 변하게 된다. 인간이 시간을 과거 현재 그리고 미래로 나누는 것 처럼 공간도 시간과 함께 과거,현재, 미래의 모습을 갖는다. 이처럼 시간이 지남에 따라서 공간은 매 순간 다른 의미를 지니게 된다. 그 것은 누군가가 봤을땐 단편적으로 읽힐 수 있지만 사실은 하나의 이야기로 귀결되게 된다. 조르주 루스의 작업도 이와 마찬가지이다. 공간 속에 존재하는 별들은 공간의 단편을 연결지어서 만들어낸 결과이다. 각각의 공간의 조각들은 어떤 의미도 가지지 못하는 것 처럼 보이지만 어느시점에 이르게 되면 빛나는 별로 우리의 시각을 붙잡는다. 공간 속에서 아름답게 빛나는 별 그것이 우리에게 전달하려는 메세지는 무엇일까. 작가는 그 공간에 별을 그려넣음으로써 공간이 시간 속에서 다른 의미로 존재했던 순간을 재생시키는 것처럼 보인다. 이미 지나가버린 순간들을 다시 불러일으키며 과거 그리고 그것보다 더 과거였던 순간을 상상해보는 기회를 우리에게 던져주는 것이다. 지나가 버린것을 쉽게 잊어버리는 지금, 과거를 스스로 그려볼 기회는 흔치 않다. 이 때문에 그의 별은 시간앞에 서있는 인간에게 소중한 가치를 사진을 통해 전달한다.

Mlle. NAM SONG

식당이나 카페 또는 도서관 등 어떤 장소에 가면, '누구누구 왔다감.' 등의 여러 낙서들이 써져 있는 것을 발견할 수 있다. 그러한 흔적은 내가 그 장소를 다시 찾아왔을 때 그때를 다시 추억하게 만든다. 우리가 늙어감에 따라 기억을 쌓듯, 공간 또한 시간의 흐름에 따라 누군가의 기억으로 쌓여져 간다. 그리고 그 기억 속에서 낙서와 같이 공간에 흔적을 남긴다. 내가 남긴 그 흔적은 그때의 공간과 함께 같이 변해버린 지금의 공간까지 기억하게 한다.

조르쥬 루쓰는 이렇게 시간의 변화로 사람과 함께 늙어가며 기억을 공유하는 장소를 작품으로 만든다. 작업을 하면서 흐르는 시간 속 장소는 자연스럽게 그와 기억을 함께 한다. 그리고 그는 아나모포즈 기법을 통해 기억이 되어 버린 공간 속 시간의 흐름을 흔적으로 표현하며 사진으로 담아낸다. 그 흔적은 별이 되기도 하고, 원이 되기도 한다. 장소는 변해가도 그 장소 속 낙서 즉, 흔적은 누가 지우지 않는 한 변하지 않고 그대로이다. 마찬가지로 루쓰가 작업했던 공간은 계속 변해가지만, 그가 남긴 사진은 그 기억을 계속 담고, 변하지 않으며 영원하다. 그렇기에 그 사진은 다시 공간에 대한 흔적이 되고, 루쓰로 하여금 추억하게 만든다. 또한, 우리가 누군가의 낙서로 그 사람의 기억을 공유하는 것처럼 느끼듯 우리는 그 사진이라는 흔적을 통해 가보지 못한 공간을 공유하는 듯하다.

Mlle. PARK HA-YEONG

항상 그대로인 것은 없다. 시간의 흐름이 존재하는 한 세상 모든 것은 낡아가기 마련이다. 그런데 인간은 시간의 흐름에 의한 노화를 두려워하고 기피한다. 도구가 낡으면 버리고 새 것을 장만한다. 집이 낡으면 허물고 다시 짓는다. 낡은 것은 나쁜 것인가? 낡으면 초라하고, 비루하고, 시대에 뒤떨어지는 것인가? 낡으면 필연적으로 버려져야만 하는가? 조르쥬 루소는 말한다.
"낡아서 좋다."
쓰일 데로 다 쓰여서 해체되기 직전인 건물에서 예술을 하는 이유는 뭘까? 바로 그곳에 모든 아름다움이 있기 때문이다. 루소에게 있어서 시간의 흐름은 대상을 낡고 비루하게 만드는 것이 아니다. 시간은 오히려 아무런 기억, 흔적이 없는 대상(공간)에 의미를 부여하고 그것을 숙성시키는 역할을 한다. 개인은 시간의 흐름 속에서 자신만의 흔적을 남기고, 시간이 지나며 흔적에 또 다른 흔적이 섞이고, 나중에는 그것들이 모두 모여 새 건물 따위에서는 전혀 찾아볼 수 없는 고풍스러움과 아름다움, 따뜻함을 형성한다. 효율과 결과만을 추구하던 우리가 쭉 잊고 있었던 낡은 것의 아름다움. 루소는 자신의 예술을 통해 사람들이 오래된 것에 숨겨진 가치를 발견할 수 있는 시각을 가질 수 있게 해주고 싶었는지도 모른다. 시간에 의해 어우러진 기억과 추억의 아름다움을 되새겨보게 하고 싶었는지도 모른다. 그는 사진을 통해 말한다. "자, 이 도형과 문자는 공간에 대한 나의 흔적이자 느낌을 표현한 거야. 어떻게 하는지 봤지? 너도 한 번 해봐. 낡은 것에 숨어 있는 너만의 기억과 느낌을 찾아봐. 너만의 스토리를 만들어 봐."
사람들이 나의 필통을 볼 때마다 하는 말이 있다. 필통이 너무 더럽다, 너무 낡았다, 깨끗한 새 필통으로 바꾸는 건 어떤가. 나는 매번 같은 대답을 한다. "적어도 나에겐 그 어떤 것보다 소중한 거야." 다른 사람들은 그 필통에 새겨진 나만의 흔적을 알 수 없다. 그 아름다움을 보지 못한다. 흑연가루로 물들어 버린 내부에 서린 중학교 친구들과의 추억을 알지 못한다. 빨간색 색연필로 그어진 여러 개의 선에 담긴 수험생의 기억을 알지 못한다. 루소가 낡은 건물을 좋아하는 것처럼, 나는 낡은 내 필통이 좋다.
"낡아서 좋다."

M. CHUN DO-HOON

"나는 그때 참 힘든 시간을 보내고 있었어.
한번이라도. 네가 그때 내 입장에서 생각해 줬다면, 지금 우린 좀 달라졌을까?"

조르쥬 루쓰의 작품은 폐허와 같이 버려진 공간에서 이루어 진다. 그것은 내게 있어 상할 대로 상한, 상처입고 지친 사람의 마음과 같다고 느껴졌다. 또한 불친절하게도 어느 한 시점에서 보아야만 온전히 보이는 도형과 글자는 내가 처한 상황과 입장을 가장 잘 꿰뚫어 봐주길 바라는 시선과 같아서 조금이라도 벗어난 위치에서 보게 되면 '내가 아닌 나'를 보며 '나'는 저런 애야 라고 생각하며 결국엔 멀어지게 되는 것이다.

낡고 허물어진 (마음)방 안에서 사방으로 흩어져 있는 (나를)조각들을 보고 (기억해내는)알아차리는 사람이 (그리웠던)필요했던 것이다. 최후의 소멸을 위해서는.

Mlle. LEE EUN-YOUNG

Georges Rousse의 작품은 인적이 드문, 사람들이 알 지 못한 공간에서 전시되어진다. 버려지고 방치되던 곳을 계산된 구도와 작업으로 새롭게 된다. 은밀한 작업이지만 사진으로 찍어 구석구석까지 공개한다. 이런 아이러니는 그의 사진에 잘 나타난다. 무질서하게 칠해진 색깔들은 낙서와 같이 무의미한 모습이지만 작가의 시선으로 엄청난 에너지를 가진 작품으로 바뀐다. 평면의 회화와 같은 모습으로 3차원의 공간을 소개한다.
어릴 적 친구들과 같이 놀던 공터가 있다. 아파트 단지 구석, 버려진 공터는 그저 먼지와 쓰레기가 쌓인 공간에 불과하지만 우리에게 있어서 그곳은 어느 곳 보다 재미있는 놀이동산 이였다. Georges Rousse와 같이 우리의 색깔로 칠해진 공터는 의미가 없어 보이지만 우리라는 시선으로 볼 때 의미를 갖고 추억을 만든다. 아이러니하게 우리의 은밀한 아지트는 추억이라는 이름으로 낱낱이 공개된다. 우리만의 구도로 계산된 시선으로 바라본 추억이다.
하지만 공간은 영원하지 않다. 버려진 공터는 주차장으로 변하고 추억의 주인인 나도 변했다. 하지만 우리의 기억속에 아직 생생히 살아있지 않은가? "나는 어떤 공간도 소유하지 않으며, 그 어떤 공간도 영원하지 않다." 작가는 분명하게 말한다, 당신의 기억속에 공간은 없어지지 않는다고. Georges Rousse의 작품은 어느 곳에도 존재하지 않지만 모두의 기억속에 분명히 존재한다.

M. JO JU-HYUN

조르쥬 루쓰는 낡고 버려진 장소를 선택한다. 사람들이 잘 찾지 않고 잊혀진 그 장소에 공간 픽션을 통해 재창조하는 작업이다. 조르쥬 루쓰는 단순히 새로운 공간을 만드는 것이 목표가 아닌 과거에 그 장소에 담긴 사람들의 잊혀진 기억과 흔적이 살아 있다는 것을 재창조해내는 과정이다. 그러한 결과물을 본 우리는 과거에 장소를 생각하는 것만으로 그 당시 나에게 있어진 많은 사건들, 그 때의 감정이 기억나기까지 한다.

과거는 지금의 내 모습을 이해할 수 있는 통로이다. 살아가면서 우리는 현재의 일, 미래의 일은 생각을 많이 하지만 과거에 기억은 지나간 것으로 생각해서 소홀히 여길 때가 많다. 학교 성적으로 회사 취직으로 나는 어떤 사람일까? 내가 잘하는건 뭘까? 라고 생각하지만 단편적으로는 답을 찾을 수 있겠지만 진짜 답은 과거의 기억 속 내 모습에 있지는 않을까? 그 모습을 찾도록 조르쥬 루쓰는 우리를 도와준다.

Mlle. SONG YE-JIN

혼자서는 별다른 의미가 없는 존재다. 하지만 발걸음을 옮길수록 의미 없는 퍼즐조각들이 하나 둘 제자리를 찾아가기 시작한다. 마침내 그 곳, point of view에 다다르면 맞춰진 퍼즐처럼 하나의 작품이 된다. 작가는 공간에 다가가 이름을 불러주었고, 공간은 그에게 와서 꽃이 되었다. 그렇게 3차원의 공간에서 2차원의 작품이 재탄생 되는 것이다. 재탄생 된 공간은 이차원의 사진으로 기록되고 사라질뿐, 사람들은 그 공간을 직접 경험할 수는 없다. 그러나 사람들에게 여럿을 하나로써 바라 볼 수 있는 시선을 열어준 것이다. 우리 모두는 제각기 다른 생각을 가지고 있지만 결국 하나의 공동체로 의미를 갖고 있다는 것을 깨우치게 하였다.

"나는 어떤 공간도 소유하지 않으며, 그 어떤 공간도 영원하지 않다."

Georges Rousse는 그의 말처럼 공간을 소유하지 않았다. 다만 2차원으로 재탄생 된 사진의 형태로 사람들의 기억 속에 영원히 남을 것이다. 그리고 그가 소유하지 않은 공간은 새로운 기억을 받아들일 준비를 할 것이다.

M. JUNG KI-TAEK

내 어릴 적 앨범을 봤을 때였다. 사진 속 나는 잘 걷지도 못하는 아기였다. 이게 정말 내가 맞나 싶을 정도로 어린 내 모습은 낯설었다. 어린 내 옆에는 젊은 엄마가 있었다. 엄마의 젊은 모습은 내 모습보다도 낯설게 느껴졌다.
'이런 때가 있었어요?' 하고 물어보니 엄마는 '그래'라고 대답했다.
'이런 때가 있었네요'라고 말하니 엄마는 '이런 때가 있었지'라고 대답했다.
"너는 저때 생각 안 나지? 너 엄마 없으면 엄청 보챘어." 나는 대답했다. "저 이제 완전 다 컸네요." 엄마가 말했다. "그래, 근데 아직도 나는 가끔 네가 저때랑 다를 것 없는 것처럼 느껴져."
조르주 루스는 장소의 기억을 사진 속에 담는다. 현실의 장소가 변하더라도 그 기억은 사진 안에서 영원히 보존될 것이다.
엄마는 사진 속에 담긴 그 시절의 기억을 꺼내본다. 현실의 내가 변하더라도 엄마의 눈에 나는 여전히 어린 아이로 남아있을 것이다.

M. HYUN SEUNG-DON

터만 남았다. 내가 어릴 적 살던 그곳은 이제 터만 남았다. 할아버지, 할머니와 셋이 오순도순 지내던 그 집은 이제 터만 남았다. 재개발이라고 했다. 그것이 무슨 의미인지 잘 알지 못했던 어릴 적에, 나는 그저 내가 태어날 때 심어졌던 나무가 없어진다는 사실이 슬펐고, 할아버지가 날 위해 만들어준 그네가 없어진다는 것이 슬펐다. 그저 그런 헤어짐에 대한 것이 아쉬웠다.
김치가 맛이 없다. 할머니, 할아버지가 재개발로 인해 아파트로 이사를 가게 된 다음 김장을 담그지 않았다. 김장하는 날이 좋았다. 온 가족이 마당에 있던 수돗가에서 산처럼 쌓여있던 배추를 씻고, 모여 앉아 김치를 담구고, 서로 보쌈을 먹여주던 그 날이 좋았다. 이제 온 가족이 모여 김장하는 날이 오지 않는 다는 사실이 슬펐다. 김치가 맛이 없다.
그 집은 이제 없다. 할아버지가 아프셨다. 이제는 터만 남은, 옛날에 살던 그 집으로, 그 시절로 돌아가고 싶다고 수백 번 생각했다. 하지만 시간은 흘러왔고, 그 집은 이제 없다.

그 집은 나의 과거를 기억하게 해주었고, 내가 성장하면서 또 다른 기억으로 그 집을 떠올리곤 했다. 시간이 흐르고 집은 없어지고, 터만 남다가, 이제는 아파트들이 들어섰다. 하지만 그 장소는 나의 발자국을 품고 있다. 완전히 변했지만 영원히 변하지 않을, 그 집이다.

Mlle. HAN SE-YOUNG

KIM HYE-JI +

KIM HYO-JEONG +

RA YEON-SU

YOO YOUNG-HYUN

JOE SOO-YUN

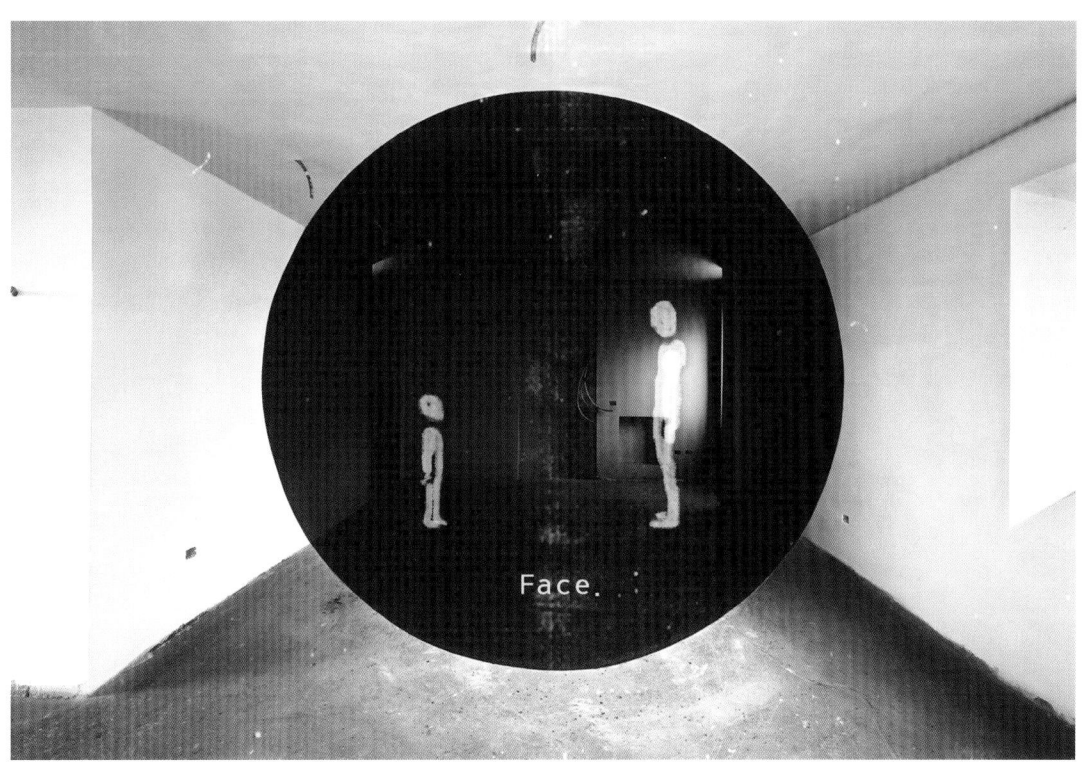

YUN YU-RIM +

Hiroshi Sugimoto

Change of Time in Unchanged Space

"이 순간을 기억해"
인간 기억의 메커니즘은 순간을 단위로 한다. 인간은 뇌 용량에는 한계가 있다. 가장 강렬하고, 인상적인 순간의 장면을 찰칵. 사진 찍듯이 저장한다. 그리고 그 순간들을 나열하여 나름의 스토리를 구성한다. 동영상보다는 사진파일이 용량이 적다. 마찬가지다. 뇌라는 저장 공간을 효율적으로 사용하는 과정에서 인간은 필연적으로 시간의 흐름을 배제한다. 순간에 초점을 맞추는 방식은 생물학적 합리성에 근거를 둔 인간의 본능이다.
HIROSHI SUGIMOTO의 〈THEATERS〉는 이러한 인간의 본능에 의문을 제기한다. 본능에 지배되어 인간이 당연하게만 여겼던 우선순위를 비튼다. 영화관에서는 영화가 중요한 것인가, 영화를 보는 '동안'에 느낄 수 있는 모든 것들이 중요한 것인가. 스크린이 중요한 것인가, 극장 자체가 중요한 것인가. 우리가 진정으로 초점을 맞춰야 할 것은 순간일까, 순간을 이어주는 시간의 흐름 자체일까. 공허한 백색의 스크린과는 대조적으로 은은하게 빛나는 극장 내부의 모습이 그 질문에 대한 답을 제공하는 듯하다.
시간의 흐름은 무한하다. 항상 있기 때문에 존재감이 옅다. 인간이 공기의 존재를 의식하지 않는 것처럼. 하지만 그 속에는 우리가 간과한 수많은 아름다움이, 가치가 존재한다. 첫 번째 순간과 두 번째 순간 사이의 그 시간. 점과 점을 이어주는 하나의 자취. 그것에 집중해보자. 자, 이제 나의 뇌에 새로운 명령을 덧쓴다.
"이 동안을 기억해"

M. CHUN DO-HOON

히로시 수기모토의 〈극장〉 연작은 '순간'으로는 볼 수 없던 '동안'을 담는다. 그 과정을 통해 사진 속 스크린은 백색으로 지워지고, 보이지 않던 영화관 내부에 주목하게 만드는 스토리텔링을 보여주고 있다. 하지만, 나는 여전히 그 작품 속 극장이 아닌 하얗게 지워져버린 스크린에 시선이 향했다. 지워져버린 장면들의 허무함. 사라지는 순간들은 그로써 의미가 없어지는 것이 아닌, 사라지기에 더 소중한 의미를 가지는 것이 아닐까. 나는 항상 "순간에 살자"라는 말을 마음 속에 새기며 살아왔다. 그 순간의 기쁨에 웃고, 그 순간의 고민은 오래 끌지 말고, 미안할 때 바로 사과하고, 고마우면 진실되게 고맙다 전하는, 순간에 집중하는 삶. 히로시 수기모토의 작품은 이런 나에게 순간의 소중함을 더욱 상기시켜 주었다. 결국 우리는 '동안' 속이 아닌 겹겹이 쌓여지는 '순간들' 가운데 살아가는 것이라 생각한다. 그렇기에 우리는 그 순간들에 더 집중하며 살아가야 할 것이다. 그 장면들이 하얗게 지워져버린 뒤 후회하지 않게 말이다.

M. KIM DONG-GIL

움직이지 않는 것은 없다. 어떤 것이 넘어지거나, 떨어지는 등 급격한 위치 변화를 일으킬 때 우리는 그것을 갑작스럽다고 인지한다. 그러나 이는 그것이 이전부터 조금씩 움직이고 있었음을 암시한다. 다시 말해 시간이 흐르고 있기 때문에, 똑같은 것은 없다. 심지어 같은 시간과 장소에서 같은 것을 관찰하는 경우도 그렇다.

순간을 포착함으로, 사진은 움직임을 가둔다. 운동은 모든 사물과 사람에 공통적인 가치이기 때문에 정지한 피사체는 다른 속성을 갖는다. 사진 속의 시간은 멈춰있기 때문에 과거와 미래로 무한히 확장한다. 비로소 대상은 완전히 새로운 개념으로서 기능하며 그만의 서사를 관찰자에게 공개한다. 해석은 온전히 관찰자의 몫이다.

스기모토의 사진이 그렇다. 영화관에서는 영화가 상영되고 있지만 동시에 상영되고 있지 않다. 시간을 담았지만 순간으로 남았다. 그의 영화관에서는 영화의 제목이나 내용이 주가 되지 않는다. 그러나 독자적인 이야기를 가진다. 그의 바다 역시 피사체가 가졌던 속성을 잃는다. 작품 속의 바다는 바다를 아는 모든 사람의 바다로써 그가 가진 함의를 펼쳐놓는다. 영화와 바다는 순간 속에서 영원히 움직인다.

M. HAN GYUL

이마누엘 칸트는 예술 작품에 두 가지 요소, 에르곤(ergon) 과 파레르곤(parergon)이 존재한다고 주장하며 에르곤은 창작이라는 행위의 본체이자 작품의 본질이고 파레르곤은 그러한 본질의 부수적인 것일 뿐이라고 설명했다. 칸트는 에르곤은 작품 그 자체이고 파레르곤은 액자, 좌대, 주변 환경 등이라고 첨언하였는데 여기서 후자의 것, 즉 장식으로 분류된 것들을 독립적인 예술적 의미를 지니지 못한 그저 본질의 외재적 잉여로 간주하는 것이 칸트를 비롯한 전통 사상가들의 생각이었다.

이후 1960년대 포스트-구조주의의 자크 데리다는 이와 같은 논리에 반박하며 에르곤과 파레르곤을 동격으로 간주한다. 이들의 관계는 한쪽이 우세한 것이 아니고 구조적으로 연결되어 있는 관계라는 것이 데리다의 의견이다. 그에 의하면 에르곤이 작품 내적으로 부족한 부분이 있다면 파레르곤이 그것을 채워줄수 있으며 이로 인해 이들은 독립된 존재들이 아닌 경계가 해체된 상호의존적 등가물로 존재한다는 것이다.

히로시 스기모토는 그의 〈극장(Theaters)〉 연작에서 장노출 기법을 통해 어둠에 가려져 지금껏 부수적 존재로 여겨졌던 극장이라는 존재를 강조한다. 스기모토는 극장의 내부에서 에르곤으로 여겨진 스크린 속 이미지들과 파레르곤으로 여겨진 스크린 밖 장식물들을 대비시켜 중심과 주변의 관계 역전을 시각화한다. 이 현상 속에서 우리는 장소가 제공하는 기억과 흔적의 소멸, 그리고 그 공백에 쌓아올려지는 추억으로 느껴지는 변화를 맞이한다. 우리는 무엇을 진리이자 에르곤으로 여기고 어디를 중심으로 바라보고 있는가. 칸트의 이론을 반박한 자크 데리다의 새로운 이론을 스기모토는 우리에게 빛으로 보여주고 있다. 그의 빛은 우리가 알고있던 중심(ergon)에 집중할 수록 주변(parergon)의 존재를 돋보이게 만들어준다.

M. JUNG JI-WON

스무 두 살 여름 무렵에 생각했다. '이 세상에는 변하지 않는 것이 있을까?'
우리는 변화를 추구하고 변화하지 않으면 안될 것만 같은 세상에 살고 있다. 사람은 완전하지 않기에 진리를 찾고 완전해 지길 원한다.그러나 우리의 목적과 맞지 않은 방식으로 변화를 하고 있다. 정신적인 변화보다 물질적인 변화에 더 관심을 두기 때문이다.
히로시 수기모토의 작품 〈바다풍경〉은 전 세계의 바다를 담아낸 풍경이다. 하늘과 바다가 세월이 지나도 절대 변하지 않는다는 작가의 믿음이 증명된 작업이다. 시간성과 장소성이 초월된 이미지는 위 질문에 대한 답을 준다. 변하지 않는 것은 분명히 존재한다. 내가 보는 시야를 너머 선다면.

Mlle. SONG YE-JIN

마포 16번 마을 버스. 무거운 가방을 빈자리에 던져두고 가로로 긴 2인 좌석에 앉는다. 턱을 위로 들고 눕듯 정수리를 등받이에 기대면 보이는 연노란색의 버스 천장. 초점 없는 응시는 읽기 오류라도 난 듯 하- 하고 깊은 한숨을 내뱉게 한다. 집에서 학교까지. 출발지에서 목적지까지 도착완료.

매년 4월이 되면, 너는 그 시간에 무얼 했니? 너는 그 이후에 무얼 했니? 너는 주어진 젊음을 살고 있니? 살고 있니? 반짝이는 노란 별 같은 물음이 깜깜한 마음에 콕하고 떨어진다. 이후 4년 동안의 장노출. 청소년기를 거쳐 청년으로 자라나는 동안. 점은 섬으로 인양되고 있었다. 어두운 밤이 되면 우리는 별과 별사이 보이지 않는 선을 더욱 선명히 그어 내었다. 바뀌어 버린 목적지에는 많은 사람들이 기다리고 있다. 도착 완료를 간절히 기도하며 살아 가고 있다.

Mlle. LEE EUN-YOUNG

거센 파도다.
금방이라도 나를 집어삼킬 듯한 거센 파도다.
그러나 멀리서 보면, 그 곳엔 잔잔히 일렁이는 넓은 바다가 존재할 뿐이다.

우리는 매일매일을 순간에 동요되며 살아간다. 단 몇 초의 시간에도 감정이 뒤바뀌며, 마음이 뒤섞인다. 그 순간 속을 살아가며, 세상을 향해 불평한다. 나의 일상은 왜 이렇게 모나고, 잘 굴러가는 것이 없느냐고. 하지만 한 걸음만 물러서면, 그 것은 작은 일렁임이 된다. 우리의 삶은 결코 '순간'이 아니다. 우리의 삶은 무수한 순간이 이루어진 '동안'이라는 한 바다이다.
히로시 수기모토는 한 컷의 순간에 동안을 담으며, 우리가 살아가는 격정의 현재가 거대한 흐름의 일부임을 상기시킨다. 그의 작품〈극장〉에서 우리가 집중해왔던 영화는 무지의 백색에 불과하며, 오직 영화관의 모습만이 존재할 뿐이다. 우리가 모든 신경을 쏟고, 집착하며, 상처받은 사건들은 시간이 흐른 후 공허한 순간으로 보일 것이고, 결국 남는 것은 잔잔하게 우리의 주변을 이뤄온 기억들이 아닐까.

우리는 단지 '동안'이라는 바다속에서 '순간'이라는 흐름을 맞이할 뿐이다.

Mlle. JEONG JAE-HYUN

작년에 나는 긴 여행을 하며 수많은 사람들을 만났다. 처음으로 방황을 겪고 있던 나는, 다른 사람들이 자신의 삶을 어떻게 살아내는지 궁금했고, 그들의 인생의 이야기를 듣고 싶었다. 사람들은 의외로 자신의 이야기를 깊게 털어놔 주었고 그들의 이야기를 들으면서 수 많은 색채를 보았다. 사람들은 저마다의 삶의 빛깔을 가지고 있었다. 살아가면서, 살아내면서 겪은 모든 것들은 그들의 빛을 구성했고 그 누구도 같은 색을 가진 사람은 없었다. 세상에 가장 예쁜 색의 삶이 존재할 것이라 생각했던 당시의 나는 그 색채들로 위안을 얻었다. 사람들은 모두 그들의 순간을 경험하고 시간을 기억한다. 그 시간들은 각자의 색채를 만들고, 각자의 빛을 가지고 세상에 존재한다. 수 만개의 빛을 가진 세상은 그렇게 모아져 흰색 빛이 된다.

Mlle. HAN SE-YOUNG

정말 중요한 것은 무엇인가? 최근 동계올림픽 매스스타트에서 이승훈 선수에 관한 논란이 보도되었다. 매스스타트는 개인 종목임에도 정재원 선수가 이승훈 선수의 금메달을 위해 희생되었다는 것이다. '팀을 위한 전략이다'라는 해명이 있었지만, 개인 종목에서 한 선수가 다른 선수를 위해 희생하는 것이 과연 맞는 것인지, 그리고 그 희생이 자발적인 것이 아니라 강요받은 것이라는 점에서 이런 말은 변명으로 밖에 들리지 않는다. 빙상 연맹은 금메달이라는 결과를 중심 가치로 보았고, 이를 실현했다. 하지만 사람들의 눈에 이것이 옳지 않다고 여겨지는 것은 메달보다 중요한 가치가 있기 때문이다. 올림픽은 공정한 경쟁을 통해 공정한 결과를 보여주는 축제이다. 결국 올림픽에서 가장 중요한 것은 공정한 경쟁 안에서 노력하는 선수들의 모습에 있다. 메달은 이를 보여주는 하나의 지표에 불과하다. 이런 논란은 우리 사회에서도 흔하게 볼 수 있다. '돈'이라는 메달을 위해 어떤 윤리든 버려지는 모습이 많다. 다른 사람의 아이디어를 그대로 표절한 창작물들이 계속 나오고, 사람들을 끌어들이기 위해 가짜 후기를 작성하도록 하는 식당들도 많다. 잘 모르는 관광객들에게 바가지를 씌우는 모습도 흔하게 보인다. 진정 중요한 것은 돈이 아님에도 우리는 이 사실을 쉽게 놓친다. 우리는 왜 돈을 버는가? 우리가 왜 돈을 버는지 생각을 해보면, 중요한 것은 돈 그 자체가 아니라 이로 인해 실현될 '행복'이다. 우리는 행복해지기 위해 돈을 번다. 돈을 벌어야한다는 것에 몰두해 우리는 왜 돈을 버는지 잊고 있는 것이다. 스기모토의 〈극장〉에서 장노출을 통해 드러난 것은 스크린이 아니라 극장의 공간이었다. 마찬가지로 우리의 긴 삶을 생각해보았을 때, 우리에게 남는 것은 돈이 아니라 우리 주변의 사람들이다. 진정 중요한 것이 무엇인지 생각해볼 필요가 있다.

M. HYUN SEUNG-DON

내 빛은 색이 있다.

스기모토는 자신의 작품인 극장을 "한 편의 영화를 사진 한 장에 담아내려는 시도의 산물"이라 말했다. 장 노출을 통해 시간의 영역을 찰나의 순간으로 치환시킨 그의 작품에서 그가 던지는 메시지는 진정 영화가 아닌 극장 내부를 봐달라는 것이었을까?

하나의 빛들이 쏟아지고 쌓여져 갔을 것이다. 그 빛들은 서로 모이고 모여 본디 색을 잃고 다른 색을 만들어갔을 것이고 본디 색을 잃어버린 그 빛들은 지나가는 시간 앞에 쌓여져만 갔을 것이다.
쌓여져 갔던 빛들은 서로 섞이고 섞여 색을 잃었고 결국 흰색만을 사진에 남겼다.

현실이란 핑계로 시간 뒤로 쌓아둔 내가 쏜 그 빛들은 지금 어디쯤에 있는가? 화려한 극장의 내부처럼 화려한 핑계들로 치장해둔 본디 색을 잃은 내 빛들은 지금 무슨 색을 띠고 있는가? 스기모토는 내가 쏜 빛들이 어디에서 무슨 색이 되어있는지 지금 이 순간 찰나의 내 빛의 색을 되돌아보게 했다. 그는 하얗게 소멸로 향해 달려가는 내 빛들을 지금 확인하라고 말하고 있었다. 본디 아름다운색이 있던 그 빛들이 그의 작품의 스크린처럼 흰색으로만 남기 전에.

M. YUN KWAN-SEOP

쓰기모토의 영화관. '아무것도 보이지 않는 흰 스크린' 흰색은 비어있는 공간이 아니다. 흰색은 순수함이 아니다. 영화 한 편, 우리의 삶을 찍은 영화, 어느 한 인물의 격정적인 순간들을 모은 이야기, 너의 얘기, 나의 얘기다. 아무것도 보이지 않는 흰 스크린에는 순수함이 있지 않다. 매일 치열하게 살고있는 모습이 담겨있다. 순간을 보면 이미지가 보이겠지만 '동안'을 보면 보이지 않는다.
시간이 지나 과거를 본다면 무엇이 보일까. 친구들과 농구하는 모습, 독서실에서 공부하는 모습, 사랑하는 모습, 누군가와 다투는 모습. 모두 뒤엉켜 스크린의 구석구석 채워져있다. 그저 그렇게 생각하면 된다. 과거의 한 장면에 얽매여 있을 필요 없다. 다른 사람과 비교하며 내 삶을 폄하할 이유도 없다. 지금의 모습은 곧 흰색의 스크린에 녹아들 것이다.
장시간의 노출은 인생의 시간이 아닐까. 나이가 든 노인이 어느 순간을 돌아보며 화내지 않을 것이다. 짧은 노출로, 잠깐이라는 시간으로 판단하기엔 인생은 너무 길다. '초현실주의'보다 '사실주의'에 가깝지 않은가.

M. JO JU-HYUN

히로시 스기모토

똑같은 곳에서
누구는 감격하고 누구는 슬퍼하고 누구는 떠나는가
감격처럼 다가와서는 절망으로 부서지는 파도
누군가 말해주지 않아도
바다는 언제나
거기 그대로 살아있다

TAE YU-JIN

YOO YOUNG-HYUN

CHOI JI-WON

YOON BYUNG-YOON

Stefan Sagmeister

Take Time Off

바나나 나무

그들은 가난했다. 그 만큼 그들의 삶이 힘겨웠고, 치열했다고 했다. 그들의 성공은 오직 땀으로 이뤄낸 순수한 결과물이었다고 설명했다. 나도 안다. 성실하지 못하면 굶주렸던 세대. 다음세대를 위해 헌신했던 세대. 그들의 성공 키워드는 성실이었다.

노란 바탕에 초록색으로 글이 써져있다. "열심히 해라. 노력해라. 그렇다면 성공할 것이다."
누구인지는 몰라도 이 많은 바나나로 저 작품을 만들었다면 분명히 영리한, 아니 성실한 사람일 것이다. 익은 바나나와 아직 덜 익은 이 많은 바나나로 이런 멋진 글귀를 작품으로 표현한 그는 필히 성실한 사람일 것이다. 바나나들의 냄새는 달고 맛은 달콤했을 것이다. 성실한 그 사람이 그 많은 바나나로 불만 없이 열심히 만든 작품의 메시지를 보며 그들은 힘겹고 치열한 삶을 채찍질하며 불만 없이 살아 왔을 것이다. 힘들었을 것이다. 나도 안다. 하지만 시간은 흘렀고 그 작품 속 바나나들은 썩었다. 악취가 진동하고 맛 볼 수도 없다. 멋졌던 그 글귀는 퇴색되어서 글을 읽을 수도 없다. 성실한 그가 만든 작품 때문에 더 이상 남겨진 바나나도 없다.
다시 심자. 성실한 그 사람 혼자도 했던 일이니 우리는 더 빨리 해낼 수 있을 것이다. 달콤한 맛을 보지 못한 사람을 위해 우리 다함께 386그루의 바나나 나무를 심자.

M. YUN KWAN-SEOP

펠릭스 곤잘레스-토레스는 '사탕더미' 연작을 통해 전시장 구석에 한 더미의 사탕을 작품으로 내놓는다. 전시된 사탕들은 우리에게 매우 친숙한 이미지로 존재하여 관객들은 이러한 사탕에 쉽게 접근하고, 심지어 이 사탕들을 집어가는 것에 자유를 얻게 된다. 여기서 사탕더미의 무게는 작가의 동성 연인이 사망하기 전 몸무게와 동일하다. 관객들이 사탕이라는 오브제를 집어갈수록 작가의 연인의 몸무게는 줄어들며 곧 죽음으로 이르게 되지만 그만큼 관람객들은 그 당시 사회에 억압받던 퀴어들의 사랑에 대한 메세지를 널리 퍼뜨리는 존재들이 된다. 당시 쿠바인이자 퀴어로서 사회의 주변부를 맴도는 존재로 여겨졌던 작가의 사회적 메세지를 관람객들은 일종의 매개체로 작용하며 전 세계에 전달하게 되는데 이러한 작가와 관람객들간의 상호 행동은 작가의 이야기 뿐만 아니라 관람객들의 이야기와 이로 인해 발생하는 새로운 관계 및 이야기를 형성하기에 이른다.

스테판 사그마이스터는 곤잘레스-토레스가 행했던 스토리두잉류의 작업을 영상으로 기록해 사람들의 행동에 시간의 변화를 담아냈다. 사그마이스터는 "obsessions make my life worse and my work better." 을 통해 관람자들에게 하나의 고민을 유발시킨다. 광장에 각기 다른 동전들로 된 타이포그래피가 제작되고 무방비 상태에 놓인 작품을 마주한 관람객들은 이 작품에서 하나의 이야기를 찾으려고 한다. 그리고 이러한 관람객들의 고민은 동전들을 하나씩 가져가는 행위로 이어지며 이는 행위의 주체인 관람객의 이야기로 새롭게 재탄생된다. 위 시간의 과정을 사그마이스터는 영상으로 담아내어 새로운 이야기의 창조자로 행동하는 우리들의 모습을 부각시킨다. 그동안 작가들이 제시하는 시간과 공간에 대한 이야기를 단순한 객체로서 받아들였던 우리는 이제 사탕과 동전들을 가져가는 행위와 시간을 통해 그들의 이야기와 연계되는 우리들의 이야기를 창조해내는 작가 그 자체로 존재하게 되었다.

M. JUNG JI-WON

Stefan Sagmeister가 작업을 할 때에 가장 중요하게 생각하는 것 중 하나는 사람들의 마음을 움직일 수 있는, 기분을 좋아지게 만드는 디자인을 하는 것이다. 그는 전하고자 하는 사회적 메시지를 일상에서 친숙한 소재에 녹여내어 대중들이 쉽게 이해할 수 있게 한다. 그의 작품 Banana Wall에는 72,000개의 바나나로 이루어져 있는 벽에 "Self-confidence produces fine results"라는 문구가 있다. 언뜻 보기엔 자신감을 격려하는 메시지로 보이지만, '시간'이 지남에 따라 문구는 갈변된 바나나로 희미해져가고 스스로가 자신감이 결여되는 역설적인 상황을 보여준다.
사소한 이미지와 몇 글자의 조합은 단순히 스토리텔링(story-telling)을 넘어 대중들과 교감하는 스토리두잉(story-doing)을 가능케 한다. 관객은 그의 디자인을 감상하고 동시에 깊은 사고를 하며 문구 이상의 의미로 시간의 경과를 이해하는 과정에 선다.
남이 찍어낸 판에 익숙해져 평범한 삶에 찌든 현대인들에게 작가가 던지는 메시지는 깊은 울림을 가져다 준다.

M. KANG JU-WON

여백의 커뮤니케이션

효과적인 커뮤니케이션에는 '여백'이 필요하다. 전하고 싶은 메세지와 수용자 사이의 '여백'. 그리고 그 여백을 서로가 함께 채울 때 비로소 효과적인 커뮤니케이션이 되었다고 할 수 있다. 스테판 사그마이스터의 〈Obsessions make my life worse and my workbetter〉는 관객들에게 돈을 가져갈 지, 작품을 지킬 지에 대한 질문을 던진다. 그 질문에 대해 관객이 답하는 커뮤니케이션이 이루어지며, 재미있는 결과나 예상치 못한 상황들이 연출된다. 그의 작품은 메세지를 일방향적으로 전달하지 않고, 질문을 던짐으로써 관객이 들어올 수 있는 '여백'을 만들어 낸다. 그로인해 그와 관객의 커뮤니케이션 자체가 곧 작품이 되었다. 그의 작품에 담긴 영리한 화법을 보며, 누군가에게 전하고 싶은 메세지를 어떻게 효과적으로 전달할 수 있을 지, 원활한 커뮤니케이션에 필요한 요소는 무엇인지 생각해보게 된다. 각자의 의견만을 주장하며 대립하는 사람들에게 "상대방이 들어올 '여백' 좀 남겨주세요!"라고 전하고 싶다.

M. KIM DONG-GIL

겉으로 보이는 모습으로 얼마나 많은 것을 볼 수 있을까. 스테판 사그마이스터는 위트넘치고 유머러스한 사람처럼 보인다. 그가 말하는방식 또 그것을 청중에게 전달하는 모습에서 우리는 당연히 그의 성격을 엿볼 수 있다. 또한 그의 작업에서보이는 재기발랄함은 그 누구도 생각지 못한 기발한 방식으로 보는이에게 신선함을 선물한다. 하지만 그의 작업 중 하나인 그래픽 디자인 강연 홍보 포스터를 보면 창작자의 고통이란 날카로운 칼로 몸에 무엇인가를 새기는 것과 비견할 만한 고통임을 직설적으로 말해온다. 상처가 나고 그 위에 피가 맺혀 그것이 텍스트로 읽혀오는데 그 모습은 시각적으로 충격적이며 우리에게 창작자란 무엇을 하는 사람인가에 대해서 생각하게 한다. 자신의 작업을 대중에게 공개하는 일은 무척이나 두렵고도 괴로운 일이다. 자신의 작업이 곧 자신에 대한 평가로 연결되는 창작자에게 있어서 작업의 과정과 그것을 세상에 드러내는 일은 고통의 연속일 것이다. 좋은 평가의 기쁨은 잠시일 뿐이고 다시 또 다른작업을 시작해야하는 반복 속에서 그를 창작자로 존재하게 하는 원동력은 어디서 오는것일까. 끊임없이 무엇인가를 가지고 놀고 그것을 작업으로 연결짓는 그의 일상을 보면 그는 어쩌면 창작자로 살 수 밖에 없는 운명일지도 모른다. 다만 그의 운명이 그리고 그의 노력이 아름답다고 말 할 수 밖에 없다.

Mlle. NAM SONG

스테판 싸그마스터의 작품의 중심을 이루는 텍스트는 일반인들이 이해하기 정말 쉬우며 텍스트를 표현하는 방법은 무릎을 탁 치게 만드는 창의력이 녹아 있다. 고급스러워 보이고 예술성이 엄청 뛰어난 표현방법(혹은 일반인은 이해하기 어려운 현대미술의 작품의 개념 같은), 일상에서 벗어나 완전한 혁신이 담겨 있는 작품은 그가 추구하는 것이 아니다. 그의 작품은 시선을 살짝만 돌리면 누구나할 수 있을 것 같은 철학이 담겨 있다. 그의 작품 속에는 어떤 대상을 바라볼 때 자신의 마음속에 존재하는 '기능적 고착'(Functional fixedness, 어떤 물체를 볼 때 그 물체가 가장 많이 쓰이는 용도로만 그 물체를 지각하는 경향성)에서 조금만 벗어나면 당신도 새로운 것, 창조적인 것을 만들 수 있다고 이야기하고 있다. 그의 작품 중에서 텍스트를 과일로 표현한 다음 미리 위치시켜두고 동물들이과일을 가져가는 것을 '뒤로 감기'해서 동물들이 텍스트를 위치시키는 것처럼 만든 작품이 있다. 여기서 그가 창의력을 발휘한 핵심적인 부분은 단지 '앞으로 감기'를 '뒤로 감기' 했던 방법뿐이다. 사람들을 쉽게 설득할 수 있고 잔잔한 감동을 줄 수 있는 창의성은 전혀새로운 것을 만들어내서 나오는 것이 아니라 우리 주변에 있는 친숙하고 일상적인, 단순한 것들에서 나온다는 것을 그의 작품들 속에서 발견할 수 있다.

M. LEE HUN-SOO

요즘 길을 걷다 보면 수많은 세련된 디자인들을 쉽게 접할 수 있다. 가게의 간판에서 시작해서 공연의 포스터까지 절로 시선이 가는 디자인들이 널려있다. 하지만 그렇게 보기 좋은 디자인들을 보더라도, 그것에 담긴 정보로부터 아무런 공감을 느낄 수 없다. 그 디자인 들은 단순히 '아름답다'라는 심미적 의미의 한계에 그쳐 있는 것이다.

그에 반해 Stefan Sagmeister의 디자인은 단순하며, 어찌보면 아름답지 않다고 말할 수도 있다. 하지만 그의 디자인에는 '소통'이 담겨 있다. 단순히 관람자에게 일방적인 의미를 강요하는 것이 아니라, 작품에 직접 참여할 수 있는 기회를 제공한다.

그의 작품 BaNaNa Wall은 그의 철학을 잘 반영한다. "Self-confidence produces fine results." 그는 시간의 변화에 따라 갈변하는 바나나를 통해 이 문구를 제작함으로써, 시간이 흐를수록 퇴색되는 우리의 다짐과 자신감에 대해 다시금 사유하게 한다. 관람자에게 바나나가 변화하는 과정을 보여줌으로써, 그들은 그 작품에 직접 참여하게 되며 디자이너의 메시지를 더욱 강렬히 느낄 수 있게 되는 것이다.

"가장 중요한 것은 사람의 마음을 움직이는 디자인을 하는 것이다." 라는 그의 말처럼, 그는 사람들과 감정을 공유할 수 있는 디자인을 통해, 우리에게 대화를 건네고 있는 것이 아닐까

Mlle. JEONG JAE-HYUN

스테판 사그마이스터는 그의 작품 속 문구와 소재를 통해 사람들에게 자연스럽게 그 의미를 생각하도록 한다. 〈집념은 나의 인생을 더 악화시키고 나의 일을 더 향상시킨다〉는 이런 그의 작품 성향을 잘 보여준다. 그는 광장에 동전을 통해 문구를 만들어서 사람들을 고민하도록 만든다. 이 작품이 가치를 가지는 것은 자연스러운 위트를 통해 사람들을 고민하게 했고, 그로 인한 변화를 작품 안에 담아두는데 성공했기 때문이다.

그렇다면 제작년 홍대 정문 앞에 전시되어 논란이 되었던 〈어디에나 있고, 아무데도 없다〉는 이런 비슷한 가치를 가질까? 이 작품은 인터넷 커뮤니티 '일간베스트'의 손 모양을 형상화한 조각상으로 인터넷상에 일베를 하는 사람은 만연하지만, 실제 삶에서는 찾아보기 힘들다는 의미를 담고 있다고 작가는 말한다. 논란이 되던 이 작품은 누군가에 의해 파괴되는 것으로 마무리가 되었다.

위 두 작품은 작가의 위트에 의해 서로 다른 방식으로 해석이 되었다. 사그마이스터의 작품에서는 그 의미를 찾지만, 일베상에서 우리는 굳이 의미를 찾으려 하지 않는데, 그 이유는 작가가 하고자하는 말과 그 표현이 1차원적인 것에 그쳐 그 의도가 희석되었기 때문이다. 작가는 그저 일베의 마크를 그대로 옮겼을 뿐이다. 일베의 손가락 모양은 자신이 일베를 한다는 것을 인증하기 위해 사람들이 사용하던 모양인데, 정문 앞에 손 모양 그대로 세워진 조각상은 홍익대학교 자체가 일베를 한다고 인증하는 것처럼 여겨질 수밖에 없었다. 결국 이 조각상은 사람들에게 고민을 던져주지 못했다. 학교의 이미지를 위해 없애야, 놔둬야한다는 일차원적인 논쟁만을 불러일으킬 뿐이었다.

만약 사그마이스터였다면 그만의 위트를 통해 사람들을 고민하도록 만들지 않았을까? 시간에 따라 변하는 소재를 이용하거나, 어디에나 존재하지만, 막상 찾으려 하면 잘 안 보이는 소재를 통해 자연스럽게 관객이 생각하도록 만들 것이다. 인터넷상에서는 많아도, 현실에서는 보이지 않는 일베가 우리 사회에서 가지는 의미에 대해 생각할 수 있도록 말이다. 결국 작가의 의도가 아무리 좋아도, 이를 전달하는 센스가 없다면 그것은 그저 덩어리에 불과할 뿐이다

M. HYUN SEUNG-DON

누군가의 말을 진심으로 들은 적이 있을까? 흔하고 흔한 연애상담, 내가 전달한 말은 친구의 귀에서 머물다 사라지고 만다. 수업시간에 진심어린 교수님의 조언은 페이스북앱보다 못하다. 젊은 세대는 너무나 많은 말을 듣고 보고 살고있다. 관심이 있고 공감이 되는 말들을 찾아 커뮤니티를 들어가고 자극적인 사상에 심취하지 않는가? 이제는 듣고 싶은 것을 듣고 보고싶은 것만 보고있다.
Stefan Sagmeister는 그런 시대를 관통하고있다. 50중순을 넘었지만 젊어 보이는 스타일과 눈빛은 충분히 젊은 사람을 이해하고있는듯 하다. 그의 메시지는 일상에서 친숙한 소재를 이용해 유머와 위트로 녹여낸다. 대중들의 관심을 유도하고 쉽게 접근할 수 있도록 세심하고 창의적인 표현을 이용한다. Banana Wall에서 진짜 바나나를 이용한줄 몰랐다. 당연히 모형이라고 생각했다. 하지만 진짜 바나나를 이용한 그의 작품은 시간이 지남에 따라 갈색으로 변해버린다. "Self-confidence produces fine results", 문구의 의미 또한 변해버린다. 자신감있게 시작한 일이 작심삼일로 끝난적이 얼마나 많은가? 시간앞에 쉽게 변해버린 바나나는 우리의 모습이다. 사소한 이미지와 몇 글자의 조합은 스토리텔링을 넘어 대중과 시간과 교감하는 스토리두잉이다. 흘러가는 Text가 아닌 상대에게 전달되는 말이자 소통의 모습이다. 의미를 전달하기 위한 디자인(예술)은 창작자의 예술을 넘어 모두에게 필요한 교양이다

M. JO JU-HYUN

OH EUN-SOL +

RA YEON-SU

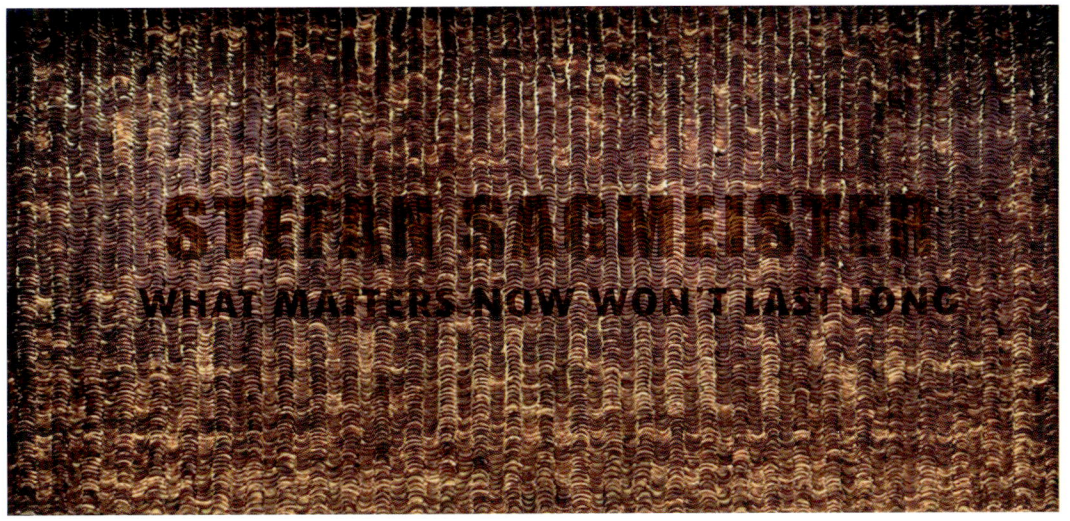

CHOI YUNA +

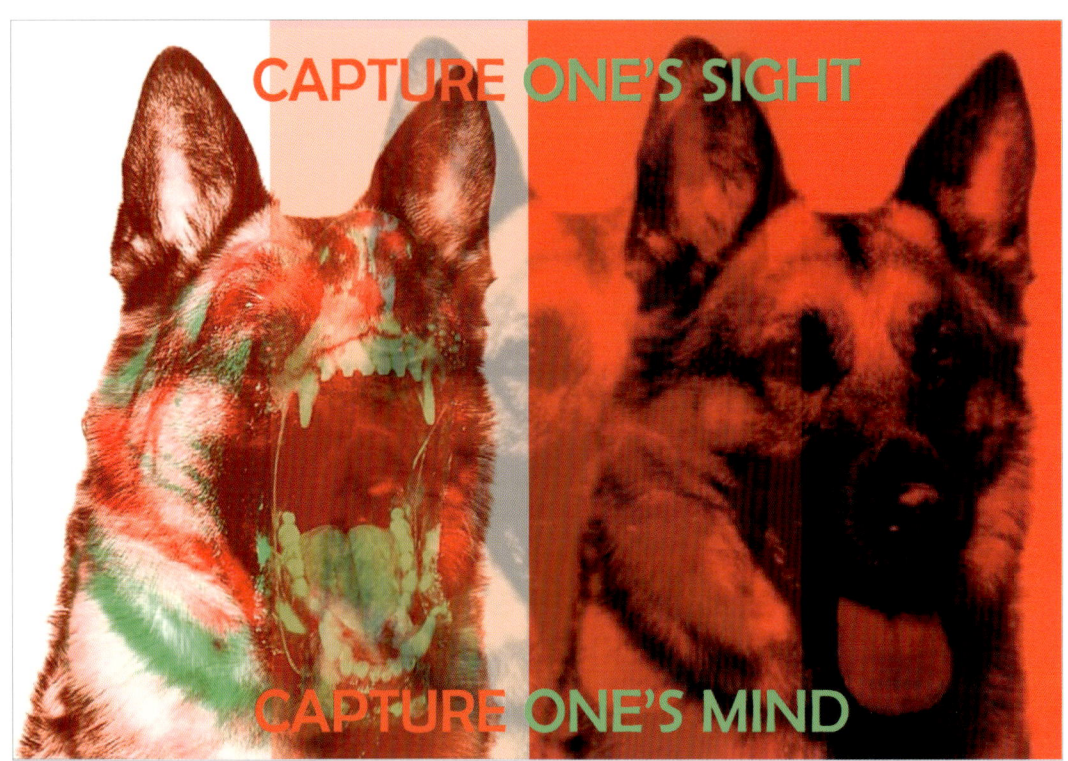

LIM JI-HYUN

KIM HYE-JI

JOE SOO-YUN

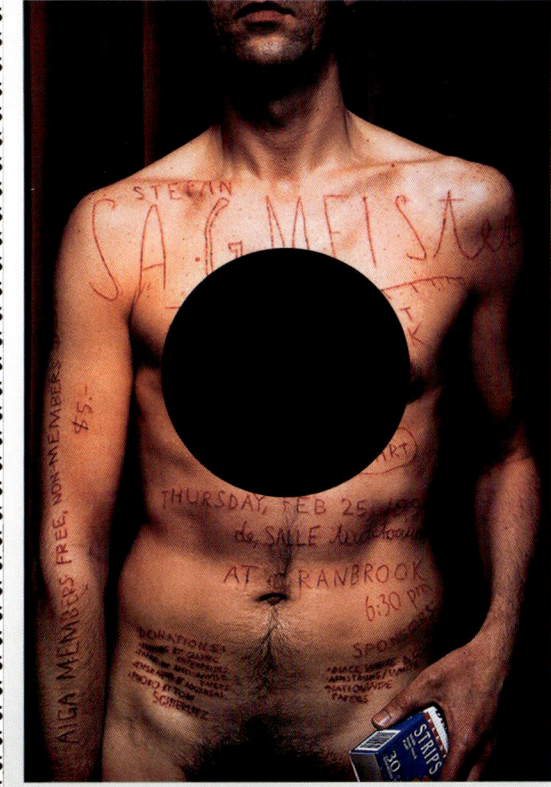

JANG JI-WON

Simplicity Through Omission

OO백화점 지하 4층이었다. 온통 하늘색으로 칠해진 이곳에는 구역별로 다른 동물이 그려져 있다. 친구와 만나 물건을 사고 몇 층에 주차했냐고 얘기했다. 3층 주차구역은 노란색이었다. 항상 비슷해 보이는 주차장에 색깔과 동물로 구역을 나누어 두니 헷갈릴 일이 없었다. 가끔 돌고래인지 펭귄인지 헷갈리는 정도.

이집트 여행을 다녀오신 어머니가 제일 먼저 말씀하신 이야기다. '보이가 있는데 그 친구는 하루 2달러면 산이고 강이고 짐을 날라주더라. 택시비보다 못한 돈이다. 이집트는 문맹률이 높아서 허드렛일을 하는 사람이 많더라. 선거포스터를 보는데 왠 동물이 그려져 있어서 가이드에게 물어보니 글자를 읽을 줄 모르는 사람들을 위해 기억하기 쉽게 동물로 자신을 기억시킨다는 거야. 글자를 아는게 다행인거야.'

보는 이를 생각한 표지는 이타적 행동이다. 진정한 의미의 전달이다. 글자를 알지만 헤매는 경우가 얼마나 많았는지 생각해보며 불친절한 메시지에 안타까움을 느낀다. 점점 복잡해지는 사회 속 나의 메시지를 전달하기 위해 친절이 필요하다. 루에디 바우어의 예술은 친절의 표현이다.

M. JO JU-HYUN

어느 소설의 한 구절이 생각이 난다. 그 소설 속의 인물인 발레 선생님은 자신이 아끼는 학생에게 이렇게 말한다. "사람들은 네가 보여주지 않는건 볼 수 없단다." 루에디 바우어의 작업은 이 한 문장을 완벽하게 표현해낸다. 인간에 대한 뛰어난 이해를 기반으로한 그의 작업은 따뜻한 온도를 가지고 있다. 뜨겁지도 차갑지도 않은 적당한 온기를 품은 디자인이다. 인간에 대한 온기를 가진 그의 작업은 포용적이며 시각적으로 아름답다. 그 공간을 찾은 사람들이 필요한 것이 무엇일지 그리고 그것을 어떤 방식을 통해 전달할지에 대한 결과는 끊임없는 인간에 대한 관심에서 비롯된다. 빠르게 변화하는 세상속에서 자연스럽게 자신에게만 몰두하는 상황 속에 놓이게 되지만 우리에겐 타인을 바라보는 것 , 그리고 그 타인의 입장에서 세상을 바라보는 연습이 필요하다. 이러한 연습이 쌓이다 보면 언젠가는 우리 주변에서도 그의 작업과 같은 따스한 온도의 디자인을 만나게 될 날이 올 것이다. 이 사회의 한 사람으로서 그 기쁜 만남이 빨리 오게 되길 간절히 바란다.

Mlle. NAM SONG

언젠가 한 전시를 보러 간 적이 있었다. 많은 기대를 품고 도착한 나는 작품을 보기도 전에 불필요한 정보의 늪에 빠질 수 밖에 없었다. 입구에서부터 시작된 형형색색의 정보들은 무분별적으로 모든 사람들을 덮쳐왔다. 정작 전시에는 집중할 수 없게 되었던 그 '주객전도'의 상황에서 많은 관객들은 혼란을 겪을 뿐이다.
Ruedi Baur의 디자인은 오히려 신경쓰지 않으면 보이지 않는다. 언뜻 보기에는 굉장히 불편할 것 같다. 하지만 실제로 경험하다 보면 알게 된다. 군더더기가 없음을. 우선순위가 뚜렷하다. 그는 공간의 의미와 환경의 맥락을 분석함으로써 장소의 identity를 찾아낸다. 그 identity는 장소 전체를 관통하며, 일관성을 부여한다. 그러한 일관성속에서 제공된 최소한의 정보는 정보가 필요한 사람들에게 최대한의 효율을 주는 것이다.
"중요한 것은 인간과 인간이 아닌 것들 사이의 상호 교류가 어떻게 하면 자연스럽고 더 나은 퀄리티로 이루어질 수 있는가 하는 점이다."고 말한 그의 디자인은 이처럼, 이 땅의 곳곳에게 고유성을 부여하며 '모두가 함께 더불어 잘사는 세상'을 선사하고 있는 것이 아닐까.

Mlle. JEONG JAE-HYUN

비행기를 통해 현대 사회의 공간적 의미는 예전과 많이 달라졌다. 이제는 원한다면 지구 어디든지 갈 수 있는 세상이다. 다양한 언어를 사용하는 사람이 한 곳에 모이고 서로 다른 언어를 이용해 의사소통하는 경우가 많아졌다. 이때 우리는 말로 하는 언어 외에 손짓몸짓을 사용해 의사소통하려고 노력한다. 의사소통은 언어로만 이루어져 있지 않다는 것이다. 뉴욕을 방문했을 때, 일본을 방문했을때 현지 언어로 화장실이 무엇인지 몰라도 우리는 쉽게 화장실을 찾아갈 수 있다. 바로 픽토그램이다. 단순한 이 그림은 사람들에게 정확한 정보를 전달해준다. 정보의 홍수 속에서 살아가는 현대인들에게 빠르고 쉽게 정보를 전달해줄 수 있는 맞춤형 언어인 것이다. 타이포그래피 디자이너인 루디 바우어는 정보로서의 휴먼스케일을 실행하는 다지이너이다. 속도나 거리에 따라 같은 정보를 직관적으로 쉽게 전달해준다. 정보를 필요로 하는 사람의 방향, 속도를 고려해 편하게 정보를 얻을 수 있게 해준다. 또한, 빨간 스프레이로 쓰인 '개조심'과 같이 오싹한 경고문이 아닌 꼭 지키고 싶게 만드는 경고문 아닌 경고문을 제작한다. 픽토그램 자체가 언제 어디서나 정보를 쉽게 전달하기 위함이라지만 루디 바우어는 단순한 정보의 전달을 넘어서 인간적인 면을 같이 전달한다. 해야 하고 하지 말아야 할 것 들이 많은 세상에선 이런 인간 중심적인 정보의 전달은 삶을 부드럽게 만들어줄 수 있는 요소라고 생각한다.

M. SUN WOO-SOL

TMI라는 신조어가 있다. 'Too Much Information'의 약자다. 친구와 대화할 때 '누가 물어봤나.'라는 생각이 들면 이 한마디로 충분하다. "TMI야." 쓸 데 없이 많은 정보는 짜증만 유발한다. 오늘날 제공되는 정보는 많다. 너무 많아서 문제다. 정보를 발견해도 이게 나에게 정말 필요한 정보인지, 공신력을 갖춘 정보인지 확인하는 데 더 많은 시간을 허비한다. 현대인에게 필요한 것은 단순히 정보 그 자체가 아니다. 그것보다 어떤(What) 정보를 어떻게(How) 전달할 것인가가 더 중요하다.
루에디 바우어는 이 부분에 있어서 혁신적이다. 적절한 정보를 원하는 사람에게 전달하기 위한 디자인을 한다. 잔디밭에 직접 들어가기까지는 잔디밭에 대한 정보를 알 수 없다. 고속도로를 이용하지 않는 사람이라면 고속도로에 대한 정보를 알 수 없다. 사실 알 필요가 없다. 바우어는 불필요한 정보의 노출을 최소화하고 수용자 별로 각각 그들이 원할만한 정보만을 제공하는 표지를 만든다. 동시에 인간의 사고과정 순서에 맞게 정보를 전달한다. 이로써 수용자는 진행과정에서 점점 더 구체적인 정보를 얻을 수 있다.
인간은 항상 새로운 무언가를 발명하고 창조해내는 것에 집착한다. 그러나 종종 목적을 위해 필요 없는 부분을 제거할 줄도 알아야 한다. 동시에 '이미 있는 것'을 잘 정리하는 것이 더 중요하다. 만들어 놓기만 하고, 늘어놓기만 하는 무책임한 디자인은 가치가 없다. 현대인의 삶을 디자인 해보자. 그 핵심은 '제거'와 '재배치'가 될 것이다.

M. CHUN DO-HOON

왜 말을 줄여서 말할까? 여전히 준말이 사용되는 가장 큰 이유는 그것이 짧지만 강한 임팩트를 주기 때문일 것이다. 계속해서 새로운 준말들이 만들어지는 것을 보았을 때, 그것의 의미를 풀어 말하는 것 보다 긴 말을 간단하게 함으로써 짧지만 강력하게 그 의미를 주는 것. 또는 그런 의미의 분위기를 주는 것이 더욱 효율적이고 와 닿기 때문인 것 같다. 또한, 준말은 그 약자, 줄임말을 사용함으로써 분위기를 딱딱하지 않고, 유연하게 또는 유머러스 하게 만들기도 한다. 그러한 줄임말은 대다수의 사람들이 공감하는 상황 속에서 만들어지거나, 만들어졌던 것이 지금이 되어서야 유행한다. 원래 존재했지만, 요즘에 특히나 많이 쓰이는 약자가 있다. TMI – Too Much Information 의 줄임말이다. 의역하자면 쓸데없는 정보, 굳이 알지 않아도 되는 정보를 알게 되었을 때 쓰인다. 정보화 시대에 살고 있는 우리는, 우리가 찾은 것 이외에 의도하지 않는 정보까지 흡수한다. 그리고 우리는 이제 '그건 TMI다.'라고 말하면서 그러한 상황을 더 이상 원치 않는다.

바우어의 신호 체계는 마치 준말 같다. 길게 말하지 않고, 그것을 사인이라는 체계를 통해 간단하지만, 임팩트 있게 전하거나, 그 간단한 신호가 풍기는 분위기를 우리가 파악할 수 있게 한다.(의미를 추측할 수 있게 만든다.) 또한, 그의 사인은 그저 일반적 신호처럼 '하지마'라고 말하는 것이 아니라, 신호로 스토리를 만들어 경고함으로써 우리로 하여금 그 사인을 유연하게 받아들이도록 한다. 그리고 그는 신호를 받는 사람이 정확히 누군지를 안다.

'잔디에 들어가지 마시오.'라는 팻말은 잔디에 들어가려 했던 사람에게만 필요한 정보이다. 그 옆길을 걷는 사람에게는 필요하지도 원하지도 않는 정보다. 바우어는 그 팻말을 잔디밭에 숨기는 배려를 통해 정보가 필요한 사람에게만 준다. 그의 사인은 우리에게 TMI와 같은 상황을 만들지 않는다.

Mlle. PARK HA-YEONG

빠른 속도로 발전하는 21세기에 "다학제성"은 반드시 필요한 요소가 되었다. 한 가지 영역에서만 뛰어나서 되는 것이 아니라, 여러 영역을 조화롭게 고려하여 발전해야 하는 것이다. 그 대표적인 예시로는 "핸드폰"을 들 수 있다. 과거에는 핸드폰을 고를 때 기능 하나만을 가장 중요하게 생각하였다. 새로운 핸드폰이 출시 될 때마다, 카메라, 음악, 게임 등의 발전된 기능의 마케팅의 핵심이었다. 하지만 이를 깨고 등장한 아이폰은 이미 기능으로 포화된 시장 속에서 새로운 큰 성공을 거두었다.

단순하지만 깔끔하고 예쁜 디자인과 품질 있는 기능의 조화에 대중들은 매료되어 몇 시간씩 줄을 서가며 아이폰에 열광했다.

루에디 바우어 또한 이러한 연대와 융합에 중점을 둔 디자이너이다. 그는 영역 간의 위계구조를 무시하고 타 학제 간의 연대를 강조하였다. 퐁피두센터의 다문화성을 고려한 표지판과 모든 사람들이 쉽게 알아 볼 수 있는 공항 픽토그램에서 그의 작품이 한 가지만이 아닌 다양한 요소를 고려하였다는 것을 알 수 있으며, 각국 사람들에게 사랑 받는 이유를 또한 엿볼 수 있다. 뿐만 아니라 루에디 바우어는 혼자가 아닌 여러 영역의 사람들과 협업을 함으로써 최선들의 결합물이 결과물이 될 수 있도록 노력하였다

Mlle. OH EUN-SOL

몇 년 전 코엑스몰을 기억한다. 지금의 별마당 도서관이 생기기 이전 그 거대하고 하얀 지하세계는 정신병동을 떠올리기에 충분한 모습이었다. 사람들의 동선을 늘리면서 최대한 많은 제품들을 노출시키는 게 중요한 쇼핑몰이라 해도 과거의 코엑스몰은 내가 가야 할 목적지가 도대체 어디 있는지 알 수 없는 미로와 같은 불편한 공간이었다. 공간의 모든 요소들이 완벽한 불협화음을 이루고 있는 이 곳에 사람들이 시간을 내어 찾아와 소비생활을 즐길 매력은 어디에도 없었다. 'identity'와 'orientation' 그리고 'information', 이 3박자가 완벽히 어긋나 있는 곳에 별마당 도서관이라는 'Landmark'가 생기면서야 비로소 사람들이 찾는 공간이 된 것이다.

이처럼 공간이 그 기능을 제대로 수행할 수 있게끔 하는 것은 굉장히 중요하다. 도시를 그리는 디자이너라 불리는 Ruedi Baur의 작품들은 "어떻게 하면 복잡한 도심에서 사람들이 길을 잃지 않을까?"하는 단순하고도 기본적인 물음에서 시작한다. 그는 우선 공간의 컨텍스트를 고려해 그만의 타이포그래피를 그려낸다. 무엇보다 그의 디자인이 높은 가치를 갖는 이유는 공간의 기능을 지원해주는 본연의 역할에만 초점을 맞추고 있다는 것이다. 지나친 정보들로 인해 주객이 전도된 공간에서 우리는 쉽게 피로해진다. 그러나 Ruedi Baur가 제공하는 정보들은 찾으려 하기 전에는 공간 속에 숨어 자신을 드러내지 않는다. 상업적 요소를 좇지 않고 오로지 사람과 공간을 잇는 그의 디자인이야말로 '공공'디자인이라 칭할만하다. 우리나라도 Ruedi Baur의 "공공 디자인의 핵심은 유사성이 아닌 차별성이다."라는 말을 조금 더 곱씹어 볼 필요가 있다.

M. JUNG KI-TAEK

헉슬리의 시대가 왔다. 기술의 발전은 기회를 증대시켰지만 더불어 정보를 범람케 했다. 너무 많아진 선택지와 그것을 미처 따라가지 못한 선택 능력은 사람을 소극적이게 했다. 정보는 새로운 권력이 됐고, 정보 제공자는 전에 없던 힘을 가지게 됐다. 이러한 '멋진 신세계'에서 정보 수용자의 선택은 온전한 그들의 의지가 아니다. 우리를 조종하는 정보가 아니라 우리의 온전한 선택을 돕는 정보가 필요한 시점이다.

그것이 바로 Sign이다. 물론 정보의 특성상, sign 역시 가치개입의 여지가 있고 그에 따라 수용자를 움직이게 할 수 있다. 그러나 잘 만든 sign은 수용자에 선택권을 넘기고 그의 결정을 돕는다. 이는 합리성과 직관성에 근거한 배려로 구성된다. 필요한 정보만을 제공하며 그렇지 않은 것은 배제하거나 또다른 필요에 배치한다. 나아가 그것은 수용자의 자발적인 Doing을 가능하게 한다. 비로소 선택은 수용자의 몫이 된다.

이러한 견지에서 Ruedi Baur는 '멋진 신세계'가 필요로 하는 정보 제공자이다. Ruedi Baur는 권위적인 정보 제공자의 패러다임으로부터 탈피한다. 그의 정보를 통해 사람들은 적극성을 되찾으며 정보의 선택적 수용자가 된다. 그리고 그의 sign은 지리적 방향을 제공하는데 그치지 않고 그 공간만의 경험을 제공하는데까지 확장한다.

M. HAN GYUL

사실 루에디 바우어의 표지들은 나에게 특별하게 다가오지 않았다. 퐁퓌두 센터 안의 다양한 언어가 섞인 표지나 화살표, 길가의 있는 차와 사람을 위한 표지, 공원의 동물에 대해 알려주는 표지 모두 특별하다는 느낌을 받지 못했다. 그가 배려를 통해 필요한 정보만을 주도록 표지를 설계했다고 하지만, 나에게는 그의 표지들이 특별하게 느껴지지 않았다.

루에디 바우어에 대해 써 좋은 평가를 받은 에세이들을 읽어보았다. 그들은 모두 루에디 바우어를 배려심 넘치고, 친절한 사람으로 평가했다. 그의 사인들을 보며 사람들이 느낀 것들은 분명히 맞는 말이다. 그렇게 배웠고, 나 또한 그가 필요한 정보만을 필요한 사람들이 볼 수 있도록 제시하는 뛰어난 실력을 가진 사람이라고 생각한다. 하지만 그의 표지들이 나에게 잘 와 닿지 않는 이유가 있을 거라고 생각했다.

표지는 작품이나 건축과는 조금 다른 점이 있다. 그것의 특별함은 제 3자의 입장에서 쉽게 느끼기 어렵다는 점이 그렇다. 예술 작품이나 건축물은 영상이나 사진 등의 매체를 통해서 전달된다. 비록 그 과정에서 상실되는 것이 있지만, 이를 접하는 사람은 모두 관객의 입장에서 대상을 바라보게 된다. 실제로 접하지 못하더라도, 그것의 의미를 생각하고 느끼는 관객이라는 입장은 변하지 않는다. 하지만 표지는 다른 매체를 통해 그 장소에서 분리되는 순간, 표지로서의 의미를 상실하고 이를 보는 우리는 더 이상 이용자가 아닌 제 3자에 불과하게 된다.

표지의 가치는 그것이 필요한 정보를, 적절한 위치에서, 필요한 사람에게 전달하느냐에 달려있다. 실제 장소에서 이용자가 접하게 되는 표지는 그 자리에서 가치를 가진다. 하지만 그것이 맥락에서 분리되어 나에게 전달되었을 때, 맥락을 잃은 표지는 하나의 이미지가 되어 버린다. 그리고 이를 보는 나는 더 이상 그 표지를 제대로 느낄 수 없는 제 3자에 불과할 뿐이다. 그 표지가 실제로 얼마나 유용한 위치에 존재하고, 얼마나 필요한 정보를 전달해주는지 나는 느낄 수 없다. 직접 그 맥락에 내가 위치해보지 않는 한, 표지의 가치를 나는 결코 제대로 느낄 수 없다. 그저 이 표지를 직접 접한 사람들의 말을 따라서 고개를 끄덕일 수밖에 없을 뿐이다. 내가 직접 루에디 바우어의 표지를 접하게 되었을 때에야 비로소 그 가치가 나에게 다가오지 않을까 생각해본다.

M. HYUN SEUNG-DON

공항엔 여러 나라의 사람들이 모인 만큼 곳 곳에서 다양한 언어를 보고 들을 수 있었다.
어.디.로.가.야.할.까. 눈을 빠르게 굴리며 다급히 나가는 곳을 찾아본다. "이쪽으로 나가야 한데!" 친구는 의기양양하게 손가락으로 안내판을 가리켰다. 무식해서 용감했다. 한창 사진을 찍고 있는데 여기서 사진을 찍으면 안된다고 혼이 났고, 시장에선 화장실 표시를 따라 갔다 돌아오는 길을 잃어버렸다. 당최 알아들을 수가 있어야지. 모두에게 통하는 제 3의 언어가 간절했다.

그런 의미에서 루디 바우어의 안내는 친절하다. 시선이 머무는 곳에 그는 누구나 알기 쉬운 제 3의 언어를 준비해 두었다. 그것은 마치 모든 입장에서의 시선을 이해한 세심하고도 뛰어난 관찰력이어서 정보전달은 물론 사람들의 행동까지 영향을 끼쳤다. 개입됨으로써 더욱 자연스러워 지는 것. 내가 바라는 언어는 바우어의 시선과 같다.

Mlle. LEE EUN-YOUNG

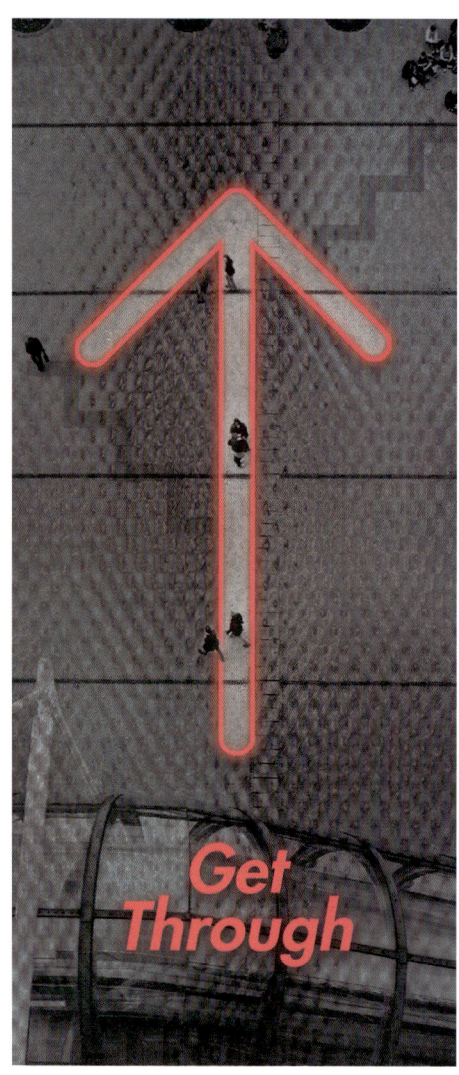

YUN YU-RIM +

Ruedi Baur

adaptable languages

KWON HA-YOUNG

CHOI JI-WON

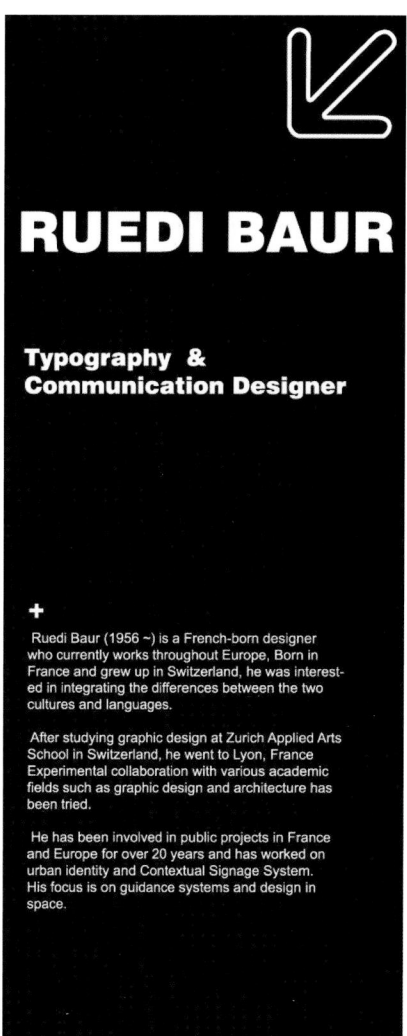

JOE SOO-YUN

Architecture is The Art of Communication

베를린 유대박물관을 위에서 내려다보면 이는 선들의 연결로 구성된 지그재그의 모습을 하고있다. 그 선들은 건축 안에서 다시 평면이 된다. 선에서 평면으로 그리고 입체로 , 그의 건축은 보는이의 시선에 따라 다양한 모습을 보여준다. 인간은 대개 자신의 시선이 옳다고 생각한다. 하지만 자신이 한 시각의 지점에 서있음은 깨닫지 못한다. 이를 확장해보면 하나의 사건을 바라볼 때 조차 수많은 시점이 존재할 수 있고 그것에 대한 해석 또한 마찬가지로 셀 수 없이 많을 수 있다. 인간은 지그재그로 된 복잡하고 좁은 건축 안을 걸으며 이 공간이 자신들에게 의미하는 것이 무엇인지에 대해 생각하지 않을 수 없다. 불편한 공간을 걷고 베인듯이 난 좁고 높은 곳에 위치한 창을 바라보며 그들이 느낄 감정은 무엇일까. 누군가에게는 두려움으로 또 다른이에게는 분노로 참혹함으로 다가올 것이다. 곧 공간안에서 각자만의 감정의 선(LINE)이 존재하게 되는 것이다. 우리는 이것을 어떠한 방식으로든 이어 붙여야만 한다. 그 연결된 선의 모습은 다니엘 리베스킨트의 유대 박물관의 모습처럼 일정하지도 않고 어떠한 규칙도 없을지도 모른다. 하지만 연결된 선들은 분열이 아닌 통합의 의미를 지니며 인간이라는 존재의 우리에게 또 다른 가치를 표현해주게 될 것이다.

Mlle. NAM SONG

우리의 삶은 건축에서 건축으로 옮겨 가는 과정이라고 해도 과언이 아니다. 매일같이 건물에서 건물로 이동을 하고, 건물을 나오고 들어간다. 일상적으로 매일 경험하는 건축이지만 그 중에서도 우리에게 이야기를 남기며 기억하게 하는 건축이 있다. 리베스킨트의 베를린 유대인 박물관은 공간으로서 우리에게 이야기를 들려준다. 걷고, 바라보고, 만지고, 올라가면서 이야기는 흐르게 되고, 흐르는 시간의 사이마다 존재한 우리의 움직임을 기억한다. 공간의 방향성으로 삶의 방향을 보여주며, 공간의 변화로 삶의 표정을 보게 한다. 우리는 그렇게 건축의 삶을 체험할 수 있고, 이야기를 가지게 된 우리의 삶은 변화한다

Mlle. HAN SE-YOUNG

지식이나 경험을 전달하는 데 있어서 건축이 갖는 이점은 수용자가 해당 공간에 필수적으로 존재해야 한다는 점이다. 예를 들어 책이나 매체로 전달되는 지식의 경우 우리가 그것을 보는 것과 수용하는 것은 별개의 문제다. 책에 적힌 글자를 읽지만 그 내용이 전혀 눈에 들어오지 않는 경우. 남의 말을 한 귀로 듣고 한 귀로 흘리는 경우. 경험은 했지만 그것을 온전히 받아들이지 못한 사례에 해당한다. 그러나 건축에 의한 전달은 다르다. 그것은 수용자가 공간 내부에 존재하는 것을 전제로 한다. 따라서 공간 속 수용자는 필연적으로 외부의 자극과 변화를 받아들여야만 하는데 이는 인간의 의지와는 별개로 작동하는 감각기관의 메커니즘에 기인한다.
Daniel Liberskind의 유태인 박물관은 이러한 이점을 최대한 살린 건축물이다. 박물관에 입장한 순간, 수용자는 공간이 요구하는 경험을 해야 한다. 건물 틈으로 들어오는 빛을 봐야 한다. 거슬리는 철판의 소리를 들어야한다. 무수한 강철 조각들을 밟아야 한다. 유태인 박물관은 앞선 시대의 형식만을 재현할 뿐이다. 그런 점에서 유태인이 억압받던 시대와 박물관이 존재하는 시대는 형식적 상동관계에 있다. 다만 형식에 내용을 채워 넣어 완전하게 만드는 것은 수용자인 우리의 역할이다. 재현된 형식에 매번 새로운 수용자가 들어서면서 유태인들의 스토리는 시간적 제약에서 벗어나 영원히 존재할 수 있게 된다.
하지만 유태인 박물관이 완벽한 스토리의 재현을 이뤄냈는가 하면 그것은 또 아니다. 수용자의 몸은 박물관 내부에 존재하지만 그들의 의식은 그것을 초월하여 존재한다. 박물관 내부의 수용자는 전지적이다. 그들은 이 공간이 언젠가는 끝날 것임을 알고 있다. 소름끼치는 소리나 밀폐된 공간이 궁극적으로는 자신에게 아무런 해를 입히지 못할 것임을 확신한다. 이 경우 그들이 유태인의 고통을 경험할 수 있었다고 말하는 것은 구명조끼를 입은 채로 익사하는 사람의 공포를 알 수 있었다고 말하는 기만자의 발언과 다를 바 없다. 결국 완벽한 유태인 스토리의 재현을 위해서는 수용자 스스로의 노력이 필요하다. 그들은 자신의 의식을 초월자의 위치에서 끌어내려야 한다. 유태인의 입장에서 생각하고, 유태인의 시각에서 박물관을 거닐어야 한다. 그들은 박물관을 '관람'하러온 사람이어서는 안 된다. 그 공간을 '겪으러' 온 사람이어야 한다

M. CHUN DO-HOON

"배는 30도가 기울면 도저히 서있을 수가 없다고…"
공영방송 고발프로그램과 민간 다큐멘터리를 한창 돌려봤다. 모니터 속에선 몇 십 년 배를 탄 선원이 인터뷰를 하고 있었다. 그 기울기가 주는 불안감을 상상하면서.
베를린 유태인 박물관의 '이민자의 정원'은 기둥이 12도로 기울어져 있어 그 지면을 밟고 있는 방문자로 하여금 막연한 불안감을 준다. 당대 민족주의적 독일의 입장에서 유태인은 이민자였지만, 오지도 않는 구조를 기다리면서 매 순간 기울어가는 선체에 겨우 신체를 지탱했던 승객들은 이 나라의 국민이지 이민자가 아니었다. 그래서 배가 기울고 기울다 더 이상 발이 땅에 닿지 않게 되었을 땐 우리 모두가 발 디딜 땅을 잃은 망명자가 되었다. '이민자의 정원'은 당시 유태인이 망명자로서 겪어온 고난을 공간적으로 구현했고 그 곳에 온 방문자의 심리적인 작용을 이끌어냈다. 그들과 우리 사이에는 보이지 않는 연속성이 있다고 느끼게 만들었다. 추모를 위한 공간은 창안된 기억이 아닌, 현재의 삶과 통합된 기억을 위해, 그리고 앞으로 쓰일 미래를 위해 설계될 필요가 있다는 걸 Liberskind는 보여주었다. 4주기에 본가인 안산에 다녀왔다. 추모공원을 어떻게 조성할 것인가의 문제로 지역민들 사이의 의견이 분분한 것 같았다. 다만 한 가지 생각해주었으면 한다. 14년, 고등학생이었던 나와 18년, 지역민으로서의 나와 앞으로 살아나갈 나는 다를 수 없지 않은가. 학교로 가는 길 흐드러진 은행나무 길이 언제고 가을이 오면 노랗게 물들 것임을 우리는 알듯이, 그 날을 잊지 않겠다는 듯 올해도 4월의 한 가운데 사람들이 모였다.

Mlle. KIM YE-JI

우리는 각기 다른 것을 본다. 카페에 같이 있어도 다른 디자인을 보며 분위기를 느낀다. 작은 컵에 매료되기도 하지만 카페 유리창 너머에 심취하기도 한다. Libeskind의 건축은 어떠한가? 아주 작은 것부터 건물 외각의 모습까지 섬세하게 디자인 되었다.
그의 유대인 박물관은 건물 곳곳이 상처가 난듯한 모습이다. 난도질의 자국처럼 어긋난 모습들이 상처를 나타낸다. 입구를 통해 들어갔으나 출구는 찾기 힘들다, 경사진 정원을 걸으며 위태로운 피난길을 느낄 수 있다. 바닥에 깔린 얼굴들은 학살에 의해 희생된 이들이 아닐까, 그럼에도 나는 걷기위해 건물을 통과하기위해 나를 위해 그들을 밟을 수밖에 없다. 한 걸음을 옮길 때마다 비명소리가 들릴 것이다. 박물관은 시각을 통해 우리 오감을 지배한다. Libeskind는 우리의 오감에 생생하게 유대인의 슬픔을 알려준다.
그의 작품을 더 보기위해 많은 자료를 찾아봤다. 그의 작품을 보고 느낀 것은 상처를 준 사람 또한 상처를 받는다는 것이다. 상처를 치유할 방법은 그저 바라보는 것이다. 보는 것을 통해 오감으로 느끼는 것이다. 유대인 박물관을 방문한 사람들은 고통만을 느끼진 않았다. 생생히 보는 것으로 회복의 기회를 얻는다. 반성을 하고 과거의 잘못을 포용한, 현재와 미래를 담은 유대인 박물관은 앞으로 나아갈 이정표를 제시한다

M. JO JU-HYUN

그 동안 소설이나 영화의 형태로만 나치의 유대인 학살을 접해왔을 관람객들에게 Daniel Libeskind는 공간의 체험을 통해 당시 유대인들의 핍박 받는 삶을 직접 체험하게 만들었다. 이 얼마나 명쾌한 설명인가, '百聞不如一見(백문불여일견)' 구구절절 설명하는 형태의 박물관보다 직접 공감을 하며 과거의 역사를 반성할 수 있는 공간을 만들어 놓음으로써 박물관의 역할을 오롯이 소화한다.

유대인 박물관에는 자체적인 출입구가 없어 옆에 있는 베를린 박물관의 지하 통로를 통해서만 들어갈 수 있는데 이는 '나치가 유대인을 격리시켰던 역사'와 '유대인과 독일인의 결합'이라는 공존할 수 없을 것만 같았던 두 가지를 상징적으로 나타낸다.

The Memory Void는 지하 바닥으로부터 맨 위층까지 27m가 넘는 깊이의 공간이다. 바닥에 놓인 홀로코스트(Holocaust)의 흔적을 본다. 입을 벌리고 비명을 지르는 듯한 얼굴 형상의 금속판들은 여전히 고통 속에 있는 듯 하다. 나는 그들의 고통을 짓밟고 지나가며 가해자의 위치에서 그들이 내지르는 비명을 생생히 듣는다. 그렇게 광기에 휩싸였던 역사의 한가운데에서 유대인들의 아픔을 온몸으로 통감한다.

Daniel Libeskind는 "건축은 기억이다."라고 했다. 다시는 되풀이되면 안될 잔인한 역사의 현장 앞에서 우리 모두는 가해자가 되기도 피해자가 되기도 한다. 아픈 기억을 간직하고 그 기억을 나침반으로 삼아 나아갈 길을 잘 찾아야 한다.

M. JUNG KI-TAEK

나치 치하의 유태인이 겪었던 고통은 전 세계가 공유하는 아픔이다. 심지어 유태인들에 고통을 줬던 독일 사람들까지도 그것을 인지하고 공유하고 있다. 인류가 인류에게 자행한 대학살은 수십년이 지난 지금까지도 씻을 수 없는 괴로움의 기억으로 남아있다. 정도는 다르지만 유사한 기억이 모두의 역사에도 있기 때문일지도 모른다.

아트 슈피겔만의 '쥐'나 스티븐 스필버그의 '쉰들러 리스트', 안네 프랑크의 '안네의 일기' 등 나치 치하 유태인의 고통을 시각화한 작품들은 많았다. 그들은 시각적 체험을 제공하는데 그쳤다. 그러나 이 공간은 기억을 매개로 시각을 넘어 정서적 교감의 경험 속으로 관찰자를 이끈다.

베를린 유태인 박물관은 그 기억만큼이나 비틀리고 불안정하며 불편하고 상처 입혀진 공간이다. 비인도적 경험들을 관통하는 잊을 수 없는 사건을 의미하듯, 축을 근거로 구성된 공간들은 더불어 천장을 관통하는 거대한 축에 속해 있다. 기울어진 바닥, 상처난 듯 갈라진 벽과 천장, 좁은 통로에서 사람들은 간접적으로 유태인의 고통을 느끼고 이해한다. 비로소 다니엘 리베스킨트의 공간은 관찰자를 기억 속에서 공감각적으로 사유하게 하는 종합 예술적 건축으로 자리매김한다.

M. HAN GYUL

캄보디아 킬링필드.
'경고 절대 웃지 마시오.' 낙엽과 함께 뒹구는 낡은 옷가지와 뼈더미는 전시를 위한 구성이 아니다. 실제 그곳에서 죽은 이의 시신을 그대로 둔 것이다. 건기와 우기가 지나면, 흙이 빗물에 씻겨 내릴 때마다 유골이 계속해서 발견 되는 곳. 당시 캄보디아 인구 1/4이 대학살로 목숨을 잃었다. 위령탑에는 17층 높이의 유골이 빼곡히 채워져 있다. 그 때의 나무가, 옷가지가, 사람들이 시간만 흐른 채 그 자리에 그대로 남겨져 있었다. 참혹하고 참담한 시각적 폭격에 마음 속에 공포가 맴돌았다.

베를린 유대인 박물관.
하나의 입구. 다윗의 별 모양을 따 지어진 건물.
천장의 빛을 따라 나오는 왼쪽과 오른쪽의 갈림길. 어느 쪽이 독일의 역사와 유대인의 역사인지 모르는 채로 방문객들은 선택해야만 한다. 같은 시간 속 다른 역사의 공존. 두꺼운 철문을 열고 들어간 방 안은 어둡고 고요하다. 저 높은 곳에서 들어오는 한 줄기의 빛은 마치 그들의 마지막 희망이듯 간절하다. 그들의 시선과 감정이 어땠을까. 쇠로 만들어진 수 많은 얼굴들을 밟고 지나갈 때 부딪히며 나는 쇳 소리는 마치 그들이 내는 신음과 절규이듯 들려왔다.

때론 있는 그대로의 사실이 개인이 받아들이지 못할 만큼 클 때가 있다.
어떻게 상처가 났는지 떠올리는 것도 예방법이지만 늘 고통이 수반되는 아픈 과정이다. 그래서 때론 간접적인 메시지가 더 효과적일 때가 있다. 리베스킨트는 제한적인 빛과 체험을 통해 방문객들이 과거의 시간과 교감하고 무엇을 반성해야 하는지 스스로 생각할 수 있도록 하였다.

Mlle. LEE EUN-YOUNG

상처는 아니다.

어린아이에게 얼굴을 그려보라 했다. 그 얼굴에 상처를 그려보라 했다. 아이는 그림 속 이마에 X표시를 하고 나를 바라본다. 이번에는 '아니다'를 그려보라 했다. 이전과 같은 X표시를 하고 두 장의 X표시를 들고 나를 바라본다. 그래, 상처는 아니다.

다니엘 리베스킨트는 건축물에 상처를 새겼다. 건물 내부 복도천장의 상처가 인상 깊었다. 그는 건물 외부의 형이상학적인 상처에 반해 내부복도는 X의 상처를 새겼다. 도망칠 수 없는 건물 내부 복도에 새긴 X상처. 그는 도망칠 수 없어 앞으로 나아가야만하는 복도의 특수성과 형태의 필연적 교차점을 지닌 복도를 걸어야만함으로써 유대인의 역사적 비극을 체험하게 했다.

상처는 흐르는 시간에 영속성을 잃고 치유로 바뀐다. 흐르는 시간과 함께 역사는 걸음으로써 나아간다. 독일은 X형태의 복도를 걸어 나아갔고 필연적 교차점에서 피해자와 가해자가 만났다. 교차점의 만남으로 그들의 상처는 상처가 아닌 치유가 되었다. 우리는 제주 4·3사건의 상처가 있다. 우리는 만남이 두려워 걷기를 멈추고 도망쳤고 시간은 멈추었다. 상처가 더 이상 상처가 아니기 위해 우리에게 필요한 것은 그의 상처 난 복도이다.

M. YUN KWAN-SEOP

다니엘 리베스킨트의 '베를린 유태인 박물관'은 한편의 이야기를 관객들에게 선사한다. 지그재그로 된 박물관 구조는 그곳에 들어간 사람들로 하여금 일정한 방향으로 가도록 만든다. 망명의 정원에서는 비뚤어진 균형감을 통해 방황하는 유태인의 모습을, 홀로코스트 탑에서는 한줄기 빛을 보며 어딘가 갇혀있던 유태인의 심정을, 쨍그랑 거리는 낙엽을 밟을 때는 유태인이 겪던 고통과 그 고통이 순식간에 사라져버리는 모습을, 연속의 축을 지나면서 유태인의 삶이 우리의 삶과 연결된 역사라는 사실을 접하게 된다.

공간이 이끄는 대로 움직이며 관객들로 하여금 하나의 이야기를 전달하는 '베를린 유태인 박물관'은 공간이 단순히 빈 공간이 아닐 수 있다는 것을 보여준다. '건축은 소통의 예술'이라고 다니엘 리베스킨트는 말한다. 공간이 그 안에 내러티브를 품을 때, 그 공간은 관객과 소통할 수 있는 공간이 된다.

사실 왜 공간이 굳이 내러티브를 가지고 사람들과 소통해야 하는 지에 대해 의문이 있을 수 있다. 이야기를 담는 더 쉬운 매체들, 책이나 영상 같은 매체가 있는데 굳이 건축을 통해 이를 표현할 필요가 있는지 말이다. 분명히 책이나 영상은 스토리를 전달하는데 특화되어있는 매체이다. 하지만 이야기를 전달하는데 그친다는 한계를 가진다. 이와 달리 건축은 우리가 직접 느끼고 체험할 수 있도록 한다. 우리의 아픈 역사인 위안부 소녀상을 곳곳에 세우는 것도 같은 맥락을 가진다. 일제강점기 위안부 문제에 대해 우리는 교육과정을 통해 알고 있다. 하지만 문자나 영상은 그것이 역사적 사실임을 전달할 뿐, 우리의 삶과 어떤 관계를 가지고, 어떤 의미를 가지는지제대로 전달해주지 않는다. 위안부문제가 우리 삶의 공간 안에서 실재하는 이야기가 될 때, 즉 위안부 소녀상이 내가 다니는 공간 안에 실재하게 되었을 때, 우리는 이 역사가 정말 존재하고, 우리의 삶과 가까이 있다는 것을 피부로 직접 느낄 수 있다. 다니엘 리베스킨트 또한 마찬가지로 박물관 속 여러 공간들을 통해 홀로코스트에 대해 이야기한다. '베를린 유태인 박물관'은 베를린에 세워진 거대한 '유태인 상'이라 보아도 무방할 것이다.

M. HYUN SEUNG-DON

Daniel Libeskind
Jewish Museum

TAE YU-JIN +

KIM HYE-WON +

Daniel Libeskind, The Memory Void
About Holocaust

KIM HYO-JEONG +

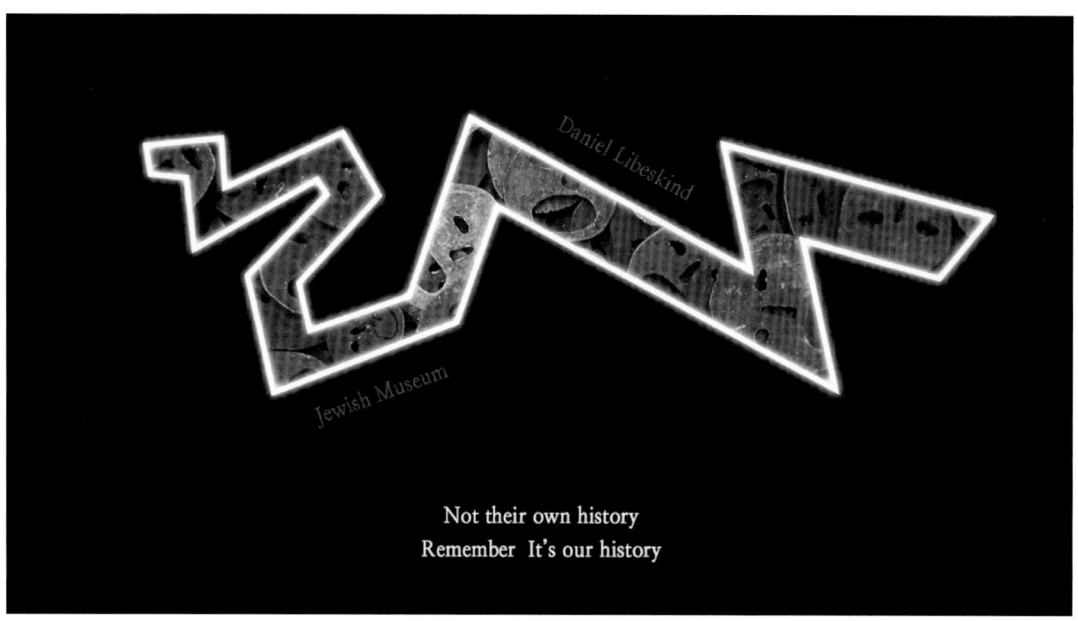

RA YEON-SU +

YOO YOUNG-HYUN

LIM JI-HYUN

CHOI JI-WON

Olafur Eliasson

Thinking - <Experience> - Doing

머릿속의 상상은 현실이 아니다 라고 구분 짓는 사회의 정의는 누가 내린 것일까? 엘리아슨의 작품을 보고 있자면, 우리가 보던 것이 사회가 정의내린 한 파편에 불과한 것이라는 느낌이 든다. 물은 항상 푸른색이라는 자연에 대한 정의를 뒤집으며 우리가 보는 것이 지극히도 주관적인 것이고, 현실을 명확한 경계로 구분 짓고 있었다는 것을 말해준다. 사실 현실이라는 경계는 어디에 존재 하는 것인지 아무도 알지 못한다고 생각한다. 어떻게 보면 우리는 어떤 보편화된 시각을 다 같이 인정하고 받아들이고 그것이 현실이라고 믿는 것일 수도 있다. 하지만 엘리아슨은 작품으로 우리에게 전달한다. 당신이 보는 것이 현실이며 동시에 보는 것만이 현실은 아니라고, 그래서 우리는 예술을 본다. 사회의 통념에 묶여버린 시각을 벗어나기 위해, 그리고 우리만의 현실을 찾기 위해.

Mlle. HAN SE-YOUNG

로마는 국가의 위기 때마다 시민들의 자발적인 단결을 통해 그것을 극복해냈다. 에트루리아인들을 이탈리아에서 몰아낼 때도, 한니발이 알프스 산을 넘어 쳐들어 왔을 때도 그랬다. 그 바탕에는 공화정이 있었다. 로마 시민들이 자신들에 의해 국가가 운영된다는 사실을 인식했을 때, 자신들의 힘으로 원하는 변화를 이룰 수 있다고 믿었을 때, 국가에 대한 강한 소속감과 책임감 역시 가질 수 있었다. 결국 공화정이라는 제도가 적극적인 참여시민을 길러냈고, 훗날 강대한 로마 제국을 형성하는 데 크게 기여했다.

생각만 하지 말고 행동으로 옮겨라. 굉장히 유명한 격언이다. 그런데 어떻게(How) 실천으로 옮겨야 하는지 답해주는 격언은 없다. Olafur Eliasson은 무작정 실천을 강요하지 않는다. 행동에 앞서 인식의 중요성을 강조한다. "Thinking과 Doing 사이에는 Experience가 있다"는 그의 말에는 공간 속에서 행동하기 위해서는 스스로가 공간의 일부임을 인식하는 과정이 선행되어야 한다는 신념이 담겨있다. 그는 색을 통해 인식의 계기를 만든다. 강물의 초록색은 일상적 색채감에 익숙해진 우리에게 충격과 공포, 안정감, 신비로움 등을 느끼게 한다. Eliasson의 예술은 "adding a measurement"이다. 그는 공간을 바라보는 '나'가 배경을 앞에 둔 단순한 몸뚱이가 아니라 끊임없이 공간의 크기와 시간성을 가늠하는 능동적 존재이길 바란다. 자신이 공간의 일부임을 느끼고 스스로의 변화가 공간의 변화에 영향을 미칠 수 있다는 믿음이 전제될 때에 비로소 실천과 참여가 가능하다.

한 때 나는 내가 홍대에 올 사람이 아니라고 생각했다. 학교의 일이나 행사에는 관심이 없었다. 학점과 스펙, 개인적인 성취에만 관심이 있었다. 수업을 듣고, 학교생활을 하면서 점점 생각이 바뀌었다. 홍대는 내 생각만큼 수준이 낮은 학교도 아니었고, 나는 스스로의 평가만큼 똑똑하고 성실한 사람도 아니었다. 점차 내가 홍대의 일부임을, 홍대생임을 인정하기 시작했다. 전혀 관심 없던 학교의 일, 학과의 일, 학생 투표까지. 어느새 적극적으로 참여하고 있는 자신을 발견했다. 홍익대학교를 어떻게든 더 좋은 대학교로 만들어보기 위해, 빛내기 위해 생각하고 그것들을 실천하는 내가 있었다. 모든 행동은 글자 하나의 변화로부터 시작되었다.

'너희' 홍익대학교가 '나의' 홍익대학교가 되던 순간부터.

M. CHUN DO-HOON

'이대로 시간이 멈췄으면 좋겠어'
강한 빛의 노을은 기껏해야 하루의 몇 분 정도 비춰지다 이내 저문다. 하지만, 그 짧고도 강렬한 색은 우리 저마다의 경험과 결합되어 기억으로 남는다. 올라퍼 엘리아슨의 〈The Weather Project〉는 태양의 노을빛을 시간의 제약에서 벗어난 공간에 구현하였다. 그 '무한한 태양' 앞에서 관객은 각자의 경험 속 '유한한 태양'을 떠올리며 작품의 의미를 완성시킨다. 우리는 소중한 순간이 영원하기를 갈망한다. 하지만, 우리가 순간을 소중하다 느끼는 건 사라질 것이라는 유한함 때문이 아닐까. 올라퍼 엘리아슨의 〈The Weather Project〉는 인공태양의 무한함을 통해 도리어 유한한 순간들의 소중함을 느끼게 해준다.

M. KIM DONG-GIL

나는 인생에서 가장 가치있는 일로 자신을 표현하는 법을 배우는 것을 꼽는다. 이때 방법은 말이나 표정, 행동 이외의 다른 것들이다. 예를 들면 옷(외모), 그림, 음악, 글 등이 이에 해당한다. 언어나 낯빛, 몸짓에는 표현의 한계가 있다. 그것이 다소 자의적이기 때문이고, 해석자 또한 그것을 자기 마음대로 받아들이기 때문이다. 그러나 이와 다른 방법으로 자신을 표현함으로, 사람은 비로소 자신을 보다 정확히 드러낼 수 있다. 말하지 않는 것은 오히려 가장 많이 말하는 것이다.

이러한 방식의 표현은 사람의 마음을 움직이게 한다. 그것이 논리적인 영역을 뛰어넘은 노출이기 때문이다. 수용자는 그의 경험과 기억을 통해 표현을 해석하고 감정을 도구로 그를 이해하며 교감한다. 자세히 설명하려면 보다 많고 정확한 단어를 선택해야 한다. 언어나 표정, 행동 이외의 방법을 사용할 때도 이와 같다. 어떤 것을 설명하기 위해서는 공감각적인 구성이 효과적이다.

올라퍼 엘리아슨은 실내 공간에 자연을 재구성함으로 그의 세계를 보여준다. 폭포가 거꾸로 오르고 수증기를 내뿜는 기계가 보이는 그의 자연은 명백한 비자연이다. 그러나, 모순적이게도 관찰자는 그것을 자연으로 느끼고 즐긴다. 복합적인 감각들을 동시에 느끼면서, 수용자는 작가의 의도 속에서 주도적으로 유영한다. 그와 함께 엘리아슨의 세계는 비로소 기존의 세계를 조금씩 '밀어낸다'.

M. HAN GYUL

올라퍼 엘리아슨은 말한다. '사유하는 것과 행동하는 것 사이에 경험이 있다.'

왜 역사를 배우는가에 대한 좋은 답은 이것이다. '역사를 잊은 민족에게 미래란 없다.' 이 말은 우리가 배우는 역사가 좀 더 나은 현재를, 그리고 다시 과거가 되는 현재에서 나아가 더 좋은 미래를 위해 필요하기 때문이라고 말하는 것 같다. 그렇다면, 왜 역사의 배움이 필요할까. 우리의 역사는 대부분 싸워왔다. 다른 나라에 주권을 뺏겼었고, 부당한 정권에 대항해 왔다. 우리의 그런 싸움의 역사는 경험이다. 그렇기에 역사를 배우는 것은 결국 경험을 얻는 것이다. 또한, 그러한 경험은 우리의 생각을 행동으로 옮기게 해준다. 우리 민족의 역사는 개개인의 경험으로 와 닿고, 그 개개인의 경험은 다시 다수의 행동을 이끌어 또 다른 대항의 역사를 만든다. 그래서 우리는 권력의 부당함에 목소리를 높이고 함께 모여 싸울 줄 알며, 그 대항이 항상 그래왔던 것처럼 결국 승리 할 것이라는 것도 안다. 그리고 그것은 우리를 다시 한 공간으로 이끌었다. 우리가 해낸 이 경험은 또 다시 역사라는 이름으로 우리가 앞으로 사유하고 행동할 것 사이에 존재해 그것들을 연결해줄 것이다.

Mlle. PARK HA-YEONG

인간의 삶과 예술은 떼려야 떼어놓을 수 없는 관계이다. 인간이 있는 곳엔 언제 어디에서나 예술이 있었다. 동굴 벽에 그린 그림부터 시작해서 맨해튼에 세워진 거대한 인공폭포까지 그 종류는 다양하고 의미도 다양하다. 그리고 예술은 그 예술이 나타날 때의 시대를 반영하고 경험하게 해준다. 이렇기에 올라프 엘리어슨은 예술에 책임감이라는 개념을 더해주었다. 작품을 감상하기 위해선 단순히 바라보는 것이 아니라 내가 직접 주체가 되어 이리저리 움직이며 느껴야 한다. 맨해튼의 인공폭포의 경우 거대한 도시에서의 폭포는 가까이 다가갈 때 비로소 그 크기를 알 수 있다. 이렇게 내가 움직여야만 작품을 감상할 수 있고 이 움직임은 나의 책임감에서 비롯된다는 것이다. 이런 나의 책임감 있는 행동을 교섭이라 표현했다.

우리가 사는 세상은 유토피아가 아니다. 완벽하지 않고 언제나 문제가 있다. 그리고 이 문제를 끊임없이 해결해오면서 여기까지 왔다.이 과정에는 책임감 있는 행동들이 주변 사람에게 영향을 주고 그 책임감이 퍼져나가 사회가 올바른 길로 나아가도록 인도한 것이다. 올라프 엘리어슨은 이런 책임감 있는 행동을 관객이 직접 경험하도록 하고 나의 행동이 미치는 영향에 대해서 다시 한번 생각해 보는 기회를 제공해준다

M. SUN WOO-SOL

태양.
그 찬란함은 우리에게 필수불가결한 존재다.
그러나 우리는 그 것의 소중함을 자각하지못하며 삶을 살아간다. 태양이 뜨지않으면 존재할 수 없는 우리는, 오히려 그 것의 대체품에 더 많은 관심을 기울이는 듯 하다. 다양한 전구들을 내세우기 바쁘며, 심지어는 태양으로부터 얻을 수 있는 영양분을 인공적으로 제조하여 판매하기도 한다. 이러한 세상 속에서 고개를 들어 태양의 모습을 만끽하는 사람이 과연 몇이나 될까?
olafur eliasson은 그러한 우리에게, 오로지 태양 만을 느낄 수 있는 공간을 선사했다. 테이트 모던에 설치된 이 거대한 태양 앞에서, 사람들은 일광욕을 하기도 하고 모여서 이야기를 나누기도 하며 태양의 따스함을 즐겼다. 런던 사람들은 흐린 날씨가 계속되는 위치의 특성상, 그들의 기억 속에 존재했던 따뜻함에 대한 그리움을 그 프로젝트에서 충족시킨 것이다. 그는 태양이라는 어쩌면 인간의 삶에서 가장 친숙한 오브제를 사용함으로써, 각자의 기억 속에 있는 따스함을 떠올리고 더 나아가 그것과 함께 느낀 감정과 추억을 다시금 되새겨보게 했다.
"사람들이 세상과 관계 맺고, 세상 안에 함께 존재한다는 것을 경험하기를 바란다."
그는 그의 작품을 통해, 인공물로 점철된 현대의 삶 속에서, 우리의 일부인 자연의 중요성에 대해 다시금 일깨워주고 있는 것이 아닐까 생각해본다.

Mlle. JEONG JAE-HYUN

전시란 무엇인가? '관람객과 전시 대상물 사이의 새로운 세계를 구축하여 의미의 공유를 유발시키는 행위', '3차원의 시각 매체를 통해 대중에게 정보, 사고, 감정을 전달하는 의사소통 방법'. 위의 정의를 보면 공유, 대중, 전달, 의사소통이 눈에 띄는데, 이는 MY가 아닌 YOUR가 더 중요하다는 것을 의미한다. 이전에 청계천에 설치 되어있는 '스프링'을 보면서 관객에게 배려가 부족한 작품이라고 생각하였다. 작가는 자신의 MY에 심취하여 전통한복의 옷고름에서 착안하여 색을 결정하였으며, 내부 리본은 자연과 인간의 결합을 상징하고 있다고 하였지만, 나는 그 의미는 물론 설치 장소도 이해하기 어려웠다. 당연 작가는 자신의 생각을 가지고 작품을 진행해 나갔겠지만, 적어도 대중들에게 인정받는 예술이 되고 싶다면 관객이 이해할 수 있는 작품을 만들어야 한다. '원숭이 엉덩이는 빨개, 빨가면 사과, 사과는 맛있어, 맛있으면 바나나, 바나나는 길어…' 이렇게 작가의 생각은 끊임없겠지만, 관객은 '사과는 맛있어' 여기까지 따라올 수 있을 것이다.

올라퍼 엘리아슨의 작품이 많은 사람들에게 인정 받을 수 있는 이유는 그가 YOUR에 중점을 두었기 때문이라고 생각한다. 그는 전시를 가능성의 의회, 즉 민주주의와 같다고 생각한다. 이처럼 좋은 전시는 단순 디스플레이가 아닌 관객들을 배려하고 함께 발 맞춰야 한다

Mlle. OH EUN-SOL

색채 광학이론을 주장한 뉴턴은 올라퍼 엘리아슨의 녹색 강을 7가지 스펙트럼 중 하나인 녹색으로 보았을까. 빛의 양적인 측면이 아닌 질적인 측면을 중요시 여기며 주관적인 색채론을 역설한 괴테가 엘리아슨의 강을 보았다면 무슨 색이 보였다고 말했을까. 과거부터 색에 대한 다양한 이론이 있었던 만큼 녹색 강을 접하는 지금의 우리도 각자 다양한 해석을 내놓는다. 이는 아름답다, 공포스럽다 등의 단편적 느낌을 떠나 강의 옆을 지키는 도시의 다양한 문제들과 그로 인한 혼돈에 대한 고찰로 이어지기도 한다.

이러한 다양한 해석의 가능성에도 불구하고 도시의 사람들은 강물을 타고 시간에 따라 흐르는 색을 통해 공통적으로 "나도 변화를 가져올 수 있다" 라는 일종의 '가능성' 을 발견한다. 책임감 있는 예술의 움직임은 우리를 생각하는데 그치지 않고 행동하게 만들어준다. 실천하는 행동은 지금과 다른 또 하나의 결과를 낳는다. 예술은 그래야 한다. 그러한 예술을 보고 우리는 마땅히 행동을 취해야 한다. 우리의 행동은 여기서 멈추지 않고 또 다른 예술을 이끌어낸다. 이것이 내가 생각하는 현시대를 함께하는 책임감 있는 예술과 실천하는 인간의 바람직한 알고리즘이다.

M. JUNG JI-WON

'자연스럽다.'는 '순리에 맞고 당연하다.'라는 뜻을 가지고 있다. 뜻과 같이 물, 바람, 공기, 빛 등의 자연은 순리에 맞기에 그 존재가 당연하고, 변하지 않고 우리와 늘 함께한다. 그것이 너무 자연스러워서 우리는 정작 느끼지 못 할 때가 많이 있다.

올라퍼 엘리아슨은 색을 통하여서 보이지 않은 것이 존재하고 있었다는 것을 생각나게 한다. 그의 작품은 관객이 존재를 인식하는 것에서 끝나는 것이 아니라 사유하고 변화하여 내가 '이 사회에 일부야' 라는 것을 고백하게 한다.

자연이 자연스러운 것처럼 우리가 이 사회를 일부가 되어 목소리를 내고 만들어가는 것 또한 자연스러운 일이다. 그의 작품은 이토록 중요한 일을 사유하게 하여 신념을 주고 행동하게까지 한다

Mlle. SONG YE-JIN

오감놀이라는 것이 있다. 어린 아이들의 감각 능력을 길러주기 위해 하는 놀이들을 말하는데, 물감을 직접 만지며 손자국을 남기거나, 여러 물건들을 직접 두드려보는 등의 놀이들이 있다. 아이들은 이런 놀이를 하며 자신의 감각을 느끼고, 동시에 세상을 배워나간다고 한다.

올라퍼 엘리아슨의 작품들 또한 우리의 오감을 자극한다. 느닷없이 도시 안에 초록 강이 흐르도록 하거나, 전시장 안에 인공 태양을만들기도 하고, 강 위에 인공폭포를 만들어놓기도 한다. 이런 그의 작품들은 우리의 오감을 자극하며 반복된 일상 속에서 새로운 경험을 하도록 만들어준다.

어린이들은 오감놀이를 통해 자신의 감각을 확인하며 주변의 것들을 배워나간다고 한다. 올라퍼 엘리아슨의 작품을 보며 우리 또한 주변의 것들에 대해 새롭게 인식하게 된다. 녹색 강을 보며 강이 도시에서 흐르고 있고 도시가 멈춰있는 것이 아님을 알고, 인공 태양을보며 실제 태양 아래서 우리가 어떤 일들을 했었는지 새롭게 떠올리게 된다. 결국 그는 조직화된 우리 삶에서 당연하다고 여겨지던 것들에 대해 말하고자 한다. 흘러가는 강, 매일 뜨는 태양은 그것이 인공적이게 됨에 따라 당연해지지 않는다. 그리고 불변한 줄알았던것들이 변할 수 있다는 자각은 우리 삶으로 흘러들어온다. 우리에게 당연히 주어진 줄로만 알았던 자유는 과연 당연한 것인가? 우리는 깨닫게 된다. 우리가 당연한 것으로 여기던 자유가 여러 사람들의 노력으로 획득한 것이라는 것을. 사회 속에서 우리가책임을 갖지 않는다면 잃어버릴 수도 있는 것이라는 것을. 결국 올라퍼 엘리아슨의 작품은 '자유'라는 감각을 깨닫게 해주는 어른들을 위한 오감놀이가 아닐까 싶다.

M. HYUN SEUNG-DON

olafur eliasson은 시간과 공간이라는 요소를 작품에 활용하여 관람객들 스스로 체험하고 경험하도록 만든다. 그 자체로 완결성을 가진 작품이 아니라 관람객과의 상호작용을 통해야 마침내 완성되는 작가와 관람객을 연결하는 일종의 징검다리의 역할을 수행할 뿐이다. 관람객들은 작가가 만든 징검다리를 건너며 자신만의 경험과 생각을 갖고 그것을 토대로 비로소 작품을 완성시킨다.

자신의 작품을 통해 사람들이 세상과 관계를 맺고 있고 서로 상호작용하고 있음을 일깨워주려는 작가의 마음은 우리는 'Weather Project'에서 쉽게 확인할 수 있다. 전시된 인공태양만이 작품의 전부가 아닌, 전시장 바닥에 누워 거대한 태양을 바라보는 관람객과의 상호작용과 그들의 경험마저 전시의 일부가 되는 것이다.

"느낌이 바로 사실이다."라고 말하는 작가의 말처럼 사람들은 각자의 경험을 토대로 스스로 느끼고 판단한다. 그 판단이 옳을 때도, 옳지 않을 때도 있다. 요즘 들어 잘못된 판단으로 타인에게 상처를 주고도 책임을 지지 않는 사람들이 많아진 것 같다. 내가 느낀 게 사실이듯, 상대방이 느낀 것 또한 사실임을 잊지 말자.

M. JUNG KI-TAEK

우리는 수많은 가능성을 죽여왔다. 사회에서든 이 보다 작은 집단에서든 최대한 가능성을 묵살한채 한가지의 답만 있는 듯이 정답을 가려내는데에만 온통 신경을 곤두세워왔다. 그렇다. 우리의 사회는 그래왔다. 참여보다는 동조하도록 했고 누가정할것인지에 대한 물음보다는 어디선가 정해준 대로 행해왔다. 그때문에 우리는 수많은 가능성을 경험하지 못했고 심지어는 그 많은 경험을 놓쳐왔다는 것을 깨닫지도 못했다. 그렇다. 과거의 우리는 그래왔다. 하지만 현재의 우리는 변화를 마주하고있다. 매 순간 빠르게 다가오는 변화 속에서 우리는 가능성의 실현을 몸소 체험하고 있는 것이다. 세상밖에서 관조하는것이 아니라 그 안에 참여하며 우리는 세계를 경험하고 있다. 그 안에서 행동이 가져오는 책임을 느끼게 되고 이 책임은 다시 행동을 불러일으킨다. 이와같은 긍정적인 순환은 수 많은 가능성의 원천으로써 기능하게 된다. 올라퍼 엘리아슨의 '가능성의 의회'라는 전시타이틀이 말하고자 하는 바 또한 이와 마찬가지이다. 하지만 미술관 안에서만 가능성의 의회가 실현될 수 있는것은 아니다.어떻게 행동하느냐에 따라서 우리의 사회 또한 가능성의 의회가 될 수 있다. 그렇기에 우리는 더 많은 가능성이 도처에 존재하길 바라며 끊임없이 목소리를 내고 행동하고 참여해야한다. 더 나은 사회를 위해서 그리고 더 많은 가능성의 실현을 위해서.

Mlle. NAM SONG

RA YEON-SU +

YUN YU-RIM +

LIM JI-HYUN +

KIM HYE-WON +

JANG JI-WON

YOO YOUNG-HYUN

CHOI JI-WON

James Turrell

Light and Space

'빛'이란 무엇인가. 태양이 생명활동을 하고 남은 부산물에 불과한 햇빛은 무려 1.5억KM이상 떨어진 지구에 들러 삶을 선물한다. 인류는 프로메테우스의 불부터 시작해 현재의 LED전구에 이르기까지 빛을 다루기까지 많은 노력을 기울였고 그 결과 지구를 지배할 수 있었다. 우리에게 빛은 "불 켜줘" 한마디면 얻을 수 있는 쉽고도 당연한 존재가 되어버린 것인데 먼 과거, 태양과 지구의 위치나 지구의 자전주기 등 인류가 조절할 수 없는 것들에 의해 주어지는 그것과는 의미가 많이 변질되었다. 그 결과 우리는 더 이상 빛을 보고 감동하지 않는다.

넓은 전시장, 그러나 오직 빛으로만 가득 찬 공간. 우리가 서있는 이 곳은 분명 유한한 공간임에도 무한하다. 빛으로 충만한 그 공간은 역설적으로 자욱이 낀 안개의 아득한 몽환마저 내포한다. '본다'는 것은 빛을 인식하는 것부터 시작됐다. 그렇다면 피사체로부터 반사되어 망막에 맺힌 상은 정말로 현실이라 할 수 있을까? 현실을 본다고 느끼는 우리의 지각은 그저 허상일 뿐은 아닐까? 작가는 우리의 관념을 송두리째 흔들며 실재와 허상, 존재와 비존재의 경계에 데려간다. 그리고 우리는 이 미묘함 속에서 마침내 빛의 본질을 관찰한다.

"빛이란 깨달음을 전달하는 매체가 아니라, 깨달음 그 자체다." 라고 말하는 JAMES TURRELL은 너무 흔해져서 소중함을 잃어버린 우리에게 '빛'이 얼마나 소중하고 고마운 것이었는지 일깨워준다.

M. JUNG KI-TAEK

홍대 주변을 다니다 보면 항상 나에게 말을 거는 2인조가 있다. 설문조사를 부탁한다던가, 옷가게를 물어보는 그들은 내가 대답을 해주는 순간 나의 신상에 대해 물어보기 시작한다. 그들은 사이비 종교인이다. 과연 그런 방법이 통할까 싶지만, 끊임없이 그들과 마주치는 것으로 보아 적지 않은 사이비인들이 있는 것으로 보인다.

이런 사람들을 보게 되면 나는 늘 궁금해진다. 그들은 정말 그들이 하는 일에 한 치의 의심도 없는 것일까? 길을 가는 사람을 붙잡아 그들의 종교를 믿으라고 할 정도로 그 종교의 가르침이 그렇게 그들 마음속에 뿌리내린 것인지 궁금하다.

이런 생각이 든 이유는 제임스 터렐이 그의 생각을 우리에게 제시하는 방식이 사이비 종교인들과는 전혀 다르기 때문이다. 그는 강요하지 않는다. 자신이 말하고자 하는 것을 입에 담지도 않는다. 그는 그저 우리의 발을 그곳으로 이끌 뿐이다. 그를 따라 도착하게 된 장소에서 우리는 빛과 하늘을 보게 되고, 정적만이 가득한 그곳에서 스스로에게 질문을 던지게 된다.

인간이 서로 다르듯, 하늘과 빛을 보며 느끼게 되는 것들은 서로 다를 것이다. 누군가는 즐거웠던 추억을, 누군가는 떠나버린 사람을 그릴 것이다. 이들이 느끼는 것은 서로 다를지라도 그들이 그리는 이미지는 하늘과 빛, 그 자체를 닮아갈 것이다.

사이비 종교들도 시작은 한 사람의 경험과 느낌에서 시작되었을 것이다. 자신이 느낀 것이 새로운 가르침을 주었고, 이를 다른 사람들에게도 전해야겠다는 믿음으로 말이다. 하지만 오늘날 이들의 믿음은 빛이 바랜 것처럼 느껴진다. 그저 맹목적으로 믿도록 학습된 것처럼 보인다. 그들에게 물어보고 싶다. 정말 스스로에게 질문해 보았나요? 당신의 마음이 향하는 곳이 정말 그곳인가요? 하고 말이다. 스스로에게 질문을 던지고 답을 구해나가는 과정을 경험하게 만드는 제임스 터렐의 공간이 내게는 더 신성하고, 더 종교적인 장소처럼 느껴진다.

M. HYUN SEUNG-DON

도시 속에서, 일상 속에서 그저 고개를 들면 아주 쉽게 태초의 자연을 바라볼 수 있음에도 인간과 하늘과 공간은 금방 일상과 동화되고 익숙해져 버려서 하늘의 모습은 일상의 일부가 된다. 하지만 하늘이 만들어내는 색과 형태는 시간과 장소에 따라 제각각의 아름다움을 지니면서 태초의 자연만이 줄 수 있는 고요함과 감동을 준다. 또한 하늘이 만들어내는 모습은 마음과 동기화되고 그 마음에 깊이 감정을 투영한다. 따라서 하늘색이 skyblue뿐만이 아닌 pink, orange, navy, black 등 무한한 색깔을 지니고 있는 것도, '힘이 들 땐 하늘을 봐, 나는 항상 혼자가 아니야.'라는 노랫말처럼 바라보는 것만으로도 감정을 위로받는 것도 하늘이라는 태초의 자연이 가진 힘이다. 시시각각 변하는 하늘을 담은 '하늘 공간'은 제임스 터렐의 빛을 무한의 빛으로 표현하면서 가장 '자연'스럽게 담고 있다. 구름 한 점 없는 햇빛을 담은 푸른색의 하늘, 노을빛을 담은 주황색 하늘, 별빛과 달빛을 담은 네이비색 하늘을 말이다. 어머니의 품 같은 그곳에서 사람들은 시공간을 잊어버린 채 마치 올라프 엘리아슨의 '날씨 프로젝트'의 인공 태양처럼 자신만의 하늘의 기억을 떠올리게 된다. 즉, 시간(時間)에 따라 변화하는 하늘의 모습을 하늘 공간(空間)을 통해 각자의 인간(人間)에게 각자의 경험을 가능케 하고 있는 것이다. 시간(時間)과 공간(空間)과 인간(人間)에 존재하는 '사이 간(間)'이 '문(門)틈으로 달(月)을 보는 데서 유래한 것'이라는 뜻을 갖는 것이 '하늘 공간'의 주제와 맞는 것은 어찌 보면 우연은 아닐 것이다

M. LEE HUN-SOO

James Turrell은 빛을 재료로 삼아 기하학적 형태와 공간적인 환영을 창조한다. 그의 작업은 비물질적이며, 감각적 지각에 중점을 둔다.
"눈으로 보지 말고, 마음으로 응시하라."
작품의 탈 물질화를 통함으로써, 그는 공간의 형태와 성격, 분위기가 관계하는 차원을 넘어 빛 자체의 움직임이 만들어내는 '생성'의 의미를 창출했다.
그는 방 모서리에 빛으로 만든 도형을 만듦으로써, 평면이 입체로 보이며 도형너머의 공간이 확장되어 보이는 공간의 초월적 경험을 가능케했으며, '하늘공간' 연작에서 갤러리 천장을 통해 인공의 빛이 아닌 자연의 빛 그대로 제시함으로써 시간의 초월적 경험을 실현했다.
빛은 인간의 감각, 정서, 심리에 적극적인 영향을 미친다. 빛의 스펙트럼은 강한 시지각을 의식시키며, 명상과 사색을 통해 과거의 기억을 불러일으킨다. 우리는 그 과정에서 내면의 본질을 보다 선명하게 체험하고 스스로를 치유한다. James Turrell의 작업은 빛의 물질성을 뛰어넘어, 심리적인 치유에 이르기까지 우리에게 진정한 울림을 선사하고 있다.

Mlle. JEONG JAE-HYUN

자신의 아들에게 어울리는 가장 총명한 며느리를 선별하기 위해 세 명의 후보에게 엽전 한 닢을 주고 방을 가득 채울 물건을 사오라고 한 만석꾼의 이야기는 유명하다. 첫 번째 며느리 후보는 비단을 사왔고, 두 번째 며느리는 실을 사왔다. 물론 둘 다 방안을 가득 채우지는 못했다. 세 번째 며느리만이 초를 사와서 방안을 불빛으로 가득 채웠다. 이 이야기는 독자에게 일시적인 감탄과 놀라움을 자아내는 흥미로운 고전일 뿐이다. 하지만 이를 예술의 영역에까지 확장시킬 경우 세 번째 며느리의 사고 방식은 James Turrell의 작품 철학과 굉장히 닮아있다.

인간은 대상의 존재 여부를 피상적으로만 판단하는 데 익숙해져있다. 그러한 피상적 판단은 시각이라는 단 하나의 감각에 극단적으로 의존한다. 인간이 평범하게 생각하는 '존재'란 첫 번째로는 대상이 있는 경우, 두 번째로 그 대상을 우리의 눈에 비춰줄 빛이 있는 경우를 의미한다. 따라서 명확히 인식가능한 대상이 없는 공간에는 '아무것도 없다'고 생각한다. 마찬가지로 대상은 있을지 몰라도 빛은 없는 어두운 공간 역시 '공허한 공간', '빈 공간'이라고 표현하기 일쑤다.

James Turrell은 이러한 피상적 인식을 기반으로 한 인간의 사고방식을 뒤튼다. 그는 인간이 흔히 '빈' 공간이라고 부르는 것이 '빛 말고는 아무것도 없는 공간'이 아니라 '빛 자체로 가득 찬 공간'이라고 인식하길 원한다. 그의 작품 안에서 빛은 하나의 온전한 대상이자 주체로서 사람들의 관심을 받는다. 존재와 비존재의 경계를 흐리게 하여 실체가 명확한 것, 망막에 비치는 상만이 이 세상의 전부가 아님을 일깨운다. 모든 이들이 실체가 있는 것, 만질 수 있는 것, 보이는 것에만 주목할 때 Turrell의 작품은 조용히 인간의 내면이라는 방 안에 촛불을 하나 켠다. 현명한 세 번째 며느리처럼. 촛불의 빛은 점점 퍼져나가 피상에 머물렀던 인간의 내면적 감각을 채우고, 우리의 인식과 사고를 확장시킨다.

M. CHUN DO-HOON

터렐의 작품을 보면서 나는 아니쉬 카푸어의 Void 시리즈를 생각했다. 안료와 그 색으로 가득 차 있지만 비어있고, 시각적으로 한없이 비어있지만 채워져 있다. 그를 통해 보이지 않는 것의 가치를 역설한다. 이러한 맥락에서 아니쉬 카푸어는 물질의 비물질화를 통해 의도를 드러냈다고 할 수 있다. 공간에서 시간을 들여 작품의 규모를 관찰함으로 그의 작품을 감상할 수 있다.

작품을 체험하는 방법은 유사하지만, 제임스 터렐의 목적은 비물질의 물질화를 통해 발현된다는 점에서 그와 다르다. 또한 터렐의 관찰자는 작품을 바라보는데 그치지 않는다. 공간 속에서 빛을 정서적으로 인지하고 그것을 내면의 깨달음으로까지 확장시킨다. 작품은 보다 공감각적인 표현에 기인해 의도되고 완성된다. 빛의 규모가 작품의 규모를 결정짓는 아이러니 속에서 그의 비물질은 비로소 물질 그 자체로 실체화된다.

aten Reign는 천장의 자연광을 활용한다. 조명은 시간이 흐름에 따라 변화하며 공간을 물질적으로 재구성한다. 물건을 뜯어 관찰하며 즐기듯 공간을 체험한다. 이에 따라 체험자에게 전에 없던 공간 지각적 경험을 부여한다. 마침내 빛은 깨달음의 매체를 넘어 그 자체가 된다. 나아가 그의 작품 Ganzfeld에서, 터렐은 없는 공간을 만들어내기에 이른다. 관찰자는 빛으로 가득찬 공간에 참여함으로써 시각적 착시와 일종의 환영을 경험한다. 이때 참여자는 터렐의 공간이 무한히 확장한다고 지각하게 된다.

M. HAN GYUL

KIM HYE-JI +

KWON HA-YOUNG

CHOI JI-WON

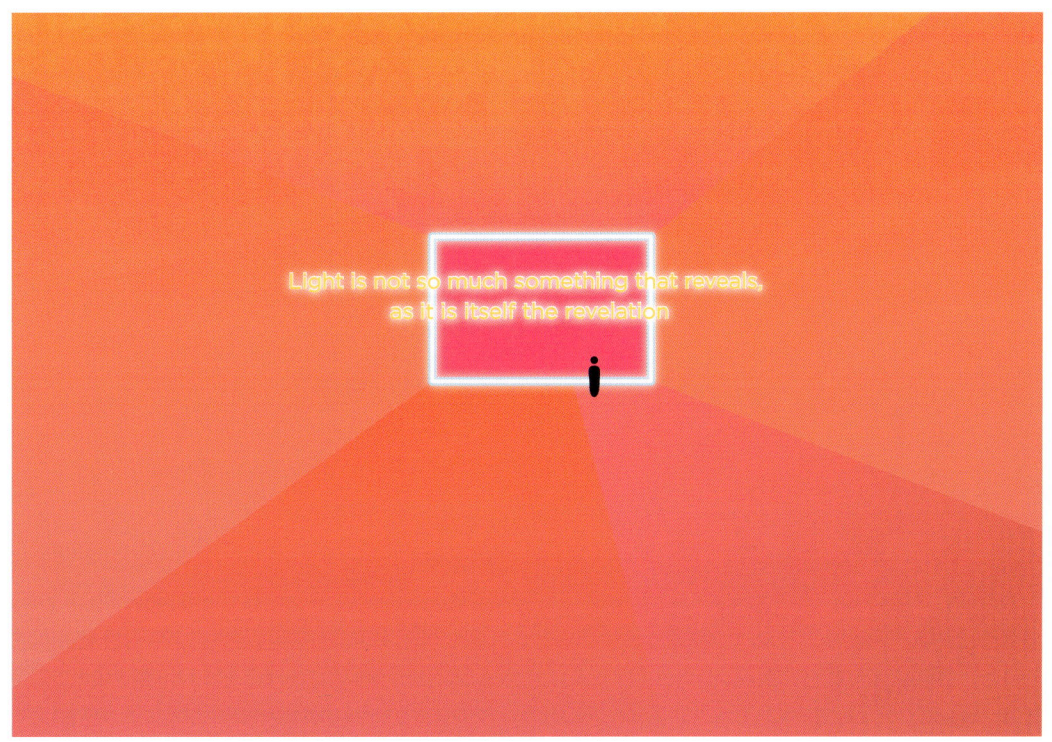

JANG JI-WON

Daniel Buren

Redefinition of Stripe

사람들은 예술을 어려워한다. 우리가 생각하는 예술 작품은 만져서도 안되고, 너무 가까이 가서도 안되며 그저 가만히 관망해야하는 것이다. 그것에서부터 예술의 권위가 생겼다고 생각한다. 다가가지 못하게 한 것이 이제는 다가가면 안되는 것이라는 생각을 심었고, 그러한 생각은 예술을 어렵게 만들었다. 다니엘 뷰렌은 이러한 예술의 권위를 없앤다. 그는 미술관이라는 장소의 권위에 벗어남으로써 예술의 권위를 벗어낸다. 뷰렌의 작품 [두개의 고원]은 미술관에 설치되어 있지 않다. 공공장소에 설치된 그의 작품은 사람들이 앉아 쉬기도 하고, 뛰어 놀기도 한다. 그는 현장에서 작업해 작품이 그 장소와 관계를 맺게 하고, 그러한 작품에 관람객들은 쉽고 자연스럽게 접근한다. 또한 작품에 사용하는 그의 줄무늬는 우리와 가깝게 존재하는 평범한 모양이다. 그는 줄무늬가 가지는 일반적인 평면성을 공간에 배치시켜 평면과 공간의 카테고리를 넘나드는 것 같다. 다니엘 뷰렌은 평범함으로 관람객에게 더 쉽게 다가가지만, 평범한 예술을 하지 않는다. 그의 줄무늬는 예술의 권위라는 벽을 허물며 작품과 관람객을 연결하는 길이 된다.

Mlle. PARK HA-YEONG

뷔랑의 작품은 중요한 질문을 가진다. 채워져 있는 색을 보는 것인지 비어 있는 여백을 보는 것인지. 복잡한 기하하적 무늬에서 모더니즘을 볼 수 있다. 그러나 그만큼 균형을 이루며 여백이 있다. 이 여백에 대해서는 동양에서 영향을 받았다고 한다. 일본의 건축에서 여백은 중요하다. 좁은 집이지만 정원을 만들거나 응접실을 만든다. 우리의 음양 사상은 양적인 공간과 음적인 공간에 대해 생각하게 해준다. 이러한 여백이 공간을 좀더 제대로 볼 수 있도록 한다.

화려한 삶 뒤에 그림자가 있다고 표현한다. 바쁘게 살면 그만큼 힘든 순간이 있다는 의미이다. 하지만 바쁘게 살지 않는 사람이 없다. 빽빽하게 모여 지하철을 타고 분각을 나누어 일을 한다. 여유롭게 산다는 것은 상상할 수 없다. 뷔랑은 그런 우리의 모습을 제대로 봤다. 각양각색으로 이루어진 빛들은 적당한 여유와 함께 있을 때 아름답다. 복잡하지만 작가의 의도대로 따라가다 보면 공간의 모습이 어우러진다.

인생을 계획하는 단계에서 여백이 주는 의미는 단절이라는 표현같이 무섭다. 하지만 여백과 화려함이 어울릴 때 완성되지 않을까. 뷔랑의 작품을 보며 조화를 이루며 사는 모습을 꿈꾼다.

M. JO JU-HYUN

다니엘 뷰렌의 시각적 표현 언어는 줄무늬이다. 그의 작품 속 줄무늬는 규칙적이고 대비가 되는 긴 줄의 반복이다. 다시 말해 나도 할 수 있겠다 생각될 정도로 특별할 것도 없는 줄무늬 일 뿐이다. 뷰렌은 그 특별할 것도 없는 줄무늬를 공간으로 꺼내왔다. 거대한 긴 줄무늬와 구겐하임 미술관의 빙빙 돌아가는 램프는 관객의 걸음에 따라 선이 면으로 면이 선이 되는 경험을 제공했고, 마당에 설치된 짧고 긴 줄무늬 기둥은 관광객들로 하여금 앉아 쉬는 휴식의 공간과 놀이의 공간으로 사람들에게 체험과 기억의 공간 제공한다. 특별할 것도 없는 줄무늬지만 뷰렌 줄무늬는 마치 말을 하는듯 사람들의 이목과 손길 모두를 받아낸다.

Mlle. LEE EUN-YOUNG

그의 작품 중 파리 팔레루아얄에 설치된 '두 개의 고원'이 기억에 남는다.

Daniel Buren의 작업은 대부분 공공장소에 설치되는데, 그 공간은 관객이 직접 경험하고 체험하는 놀이의 장(場)이다. 어린 아이들에게는 놀이터가 되며 어른들에게는 잠시 쉬어가는 쉼터가 되어주기도 한다. 팔레루아얄에서는 설치미술품인 기둥과 어우러져 휴식을 즐기는 모습까지도 하나의 작품으로 느껴졌다.

줄무늬는 Daniel Buren의 작품에 항상 빠지지 않는 모티프이다. 줄무늬를 활용한 현대미술과 오래된 역사를 가진 파리의 건축물의 시각적이며 의미있는 조화가 새롭게 다가왔다. 블랙앤화이트의 스타일리시한 기둥과 과거 궁전으로 사용되었던 고전양식의 건축물을 보며 얼마전 현대미술관 전시를 보고 들렀던 삼청동 한옥 카페의 민트색 테라스가 생각났다.

"나는 평범한 미술을 거부한다. 왜냐하면 그것은 사람들로 하여금 그 밖의 누군가를 통해서 생각하도록 만들기 때문이다." - Daniel Buren

평범함을 거부한 프랑스 미술가. 타인을 통한 깨달음이 아닌 스스로 생각할거리를 'Stripe'를 통해 우리에게 전하고 있다.

M. KANG JU-WON

"사막의 유목민들은 밤에 낙타를 나무에 묶어둔다. 하지만 아침에 그 끈을 풀어 주어도 낙타는 그 자리에서 벗어나지 않는다." 이는 틀에 박힌 생각과 행동이 얼마나 나를 억압하는지에 대해 생각하게 한다. 나는 입시미술을 하면서, "압축"과 "주제" 라는 단어에 얽매여 왔다. 주제를 설명적이지 않고 압축적으로 나타내야 하며, 나의 작품에 대하여 정해진 시간 동안 발표를 할 수 있어야 했다. 이런 생각은 그림을 좀 더 자유롭게 그릴 수 있는 대학교 때까지도 지속되었다. 모든 작품에 아이디어를 꾹꾹 눌러 담았으며, 길고 논리적이게 발표하지 못할 작품은 좋은 그림이 아니라고 생각했다. 하지만 지나치게 설명적인 작품이 유치하다고 느껴지면서, 딜레마에 빠지게 되었다. 이와 다르게 다니엘 뷰렌은 미술의 개념에 대해, 목줄을 벗어나 자신만의 새로운 길을 개척한 본보기를 보여주었다. 처음 그의 작품을 보았을 때, 줄무늬에서 의미와 설명을 찾기에 급급했다. 하지만 그는 상세한 설명이 오히려 작품의 본연의 가치를 손상시킨다고 생각하였고, 이로써 그의 작품만의 개성과 이야기가 은연 중 담긴 줄무늬가 탄생하게 되었다

Mlle. OH EUN-SOL

우리는 줄무늬(stripe)에 체크무늬(check)만큼이나 시각적 편안함과 친숙함을 느낀다. 이 패턴은 직물이 창시되면서 자연적으로 발생된 무늬로서 모든 민족에게 이용되었으며 나라마다 고대부터 독립된 형태로 발달되어 온 고전적인 무늬이기 때문이다.(두산백과 참조) 이러한 줄무늬 패턴의 속성을 인지한 다니엘 뷰렌은 줄무늬의 유전적 친숙함을 역설적으로 사용했다. 그는 우리가 익숙하지 않은 새로운 패턴이 아닌 친숙한 줄무늬를 통해 일상의 공간을 새롭게 재정의했다. 또한 줄무늬가 담긴 공간은 건물의 벽, 전철 문, 길거리의 포스터 같이 미술관 안이 아닌 우리가 평소에 마주치던 친숙한 공간이었다. 미술관 안과 공공 설치물이 설치되는 공공장소를 넘어서 우리가 익숙하게 접하는 장소마저 작품의 공간이 될 수 있고 그 공간마저도 작품이 된다고 말하는 것이다. 친숙한 무늬와 친숙한 공간으로 작품과 공간의 개념을 재정의한 뷰렌의 역설적 사고는 오히려 참신함을 주었다. 또한 그 참신함 속에서 우리의 시각은 물리적으로, 개념적으로 확장된다. 창밖 지하철 문에 그려진 줄무늬 패턴은 사람들의 시선을 밖으로 유도하면서 익숙했던 공간을 다시 한 번 고찰하게 한다. 평범했던 광장에 세운 줄무늬 기둥은 우리에게 육체적인 참여를 이끈다. 즉 우리가 미술관 안에서 보았던 작품들은 그저 개인의 사유와 고찰로서 개인에게 내재(internality)시켰다면, 뷰렌의 줄무늬 패턴은 물리적인 시각의 확장과 육체적 참여를 도모해 개인적 통찰(internality)을 넘어서 세상에 대한 통찰(externality)을 가능케 하는 것이다

M. LEE HUN-SOO

Daniel Buren은 미술관을 "부르주아의 손에 들려 있는 위험한 무기"라고 표현할 만큼 비판적이었다. 그는 아티스트가 꼭 미술관이나 갤러리 같은 전시장소에만 자신의 작품을 전시할 필요 없이, 어디에나 자유롭게 전시할 수 있다고 이야기하며 실제로 도시의 여러 공간에 제한과 규칙이 없는 새로운 전시장들을 만들었다. 파리 시내의 건물 곳곳, 지하철 역, 광고판 위, LA의 버스 정류장 앞 벤치 등 예술과는 전혀 관련 없는 곳에 자신의 시그니처 스타일인 줄무늬를 그려 넣어 보여준다. 예술은 틀에 박힌 작품 전시 방법에서 벗어나 자유롭게 존재할 수 있으며, 상업적 요소를 배제하고도 전시될 수 있다고.
"나는 평범한 미술을 거부한다. 왜냐하면 그것은 사람들로 하여금 그 밖의 누군가를 통해서 생각하도록 만들기 때문이다."라는 Buren의 작품은 특정한 장소에서 한정된 기간 동안만, 심지어는 금세 철거되기도 하는데 이런 그의 작품만의 특별함이. 심지어 그 특별한 공간미학이 아날로그적인 방법으로 표현되기에 더욱 친근감이 느껴진다.
현실에 타협해버린 나의 영혼에 Buren이 줄무늬를 그어봐야겠다.

M. JUNG KI-TAEK

여기에 높고 낮은 기둥들이 있다.
커다란 공터에 무수히 박혀있는 기둥들은, 단지 사람들의 통행을 가로막는 장애물에 불과했다.
그러던 어느 날, Daniel Buren은 그들에게 선을 새김으로써 새로운 활력을 불어넣었다.

거창한 것이 아니다.
단지 몇 개의 수직선들을 그려 넣었을 뿐이다.
그 소소한 위트 덕분에, 쓸모없던 방해물들은 시민들의 놀이터로 탈바꿈한 것이다.
수직선들로 이루어진 이 특별한 공간 속에서, 사람들은 나이와 국적에 상관없이 동심으로 회귀한다.
일상의 번뇌는 잊고, 모두가 행복을 느낀다.

'줄무늬' 너무나 평범하다고 여겨진 그 장치는 일상 속 특별함이 되었다.
그 특별함은, 나 그리고 우리를 특별한 존재로 만들어 주었다.
Daniel Buren은 단지 줄무늬를 새기는 사람이 아니다. 그는 사람들의 기계같은 일상 속, 아주 작은, 그러나 특별한 '변주'를 꾀함으로써 그들의 일상을 작품으로 만드는 예술가이다.

Mlle. JEONG JAE-HYUN

뷔렌의 줄무늬는 지극히 일상적이다. 그러나 젊은 화가 뷔렌의 추상화는 어떠했는가. 갤러리에서나 볼법한, 도저히 그 가격이 가늠되지 않는, 상류문화로서의 권위가 느껴지는 그림이었다. 영상 속 늙은 뷔렌이 한 그림을 들추자 나타난 건, 줄무늬였다.
세라의 철판에 낙서가 생겼다. 낙서를 보는 늙은 세라가 사뭇 인간적으로 웃는다. 청문회에서 '기울어진 호'가 갖는 장소성에 대해 피력했던 젊은 세라는 모르는 표정이었다. 그건 공공미술의 주체가 누구인지 알고 있는 작가의 표정이었다.
그리고 어느 과거에 두 작가는 같은 전시장에서 만난다.
이들의 이야기는 나로 하여금 미술과 권위의 관계에 대해 생각하게 만들었다. 권위를 내려놓은 미술은 얼마나 인간친화적인지에 대해서도. 그들은 이제 권위의 회랑 밖으로 나왔고 작품은 일상 공간을 매개로 대중과 소통한다. 우린 더 이상 그저 라인 밖에 서서 작품을 감상하지 않는다. 변화는 두 작가가 늙어간 시간만큼 일어났다. 누구나 기꺼이 작품 사이를 산책한다.

Mlle. KIM YE-JI

다니엘 뷔랑의 작업들을 보다보면 하나의 흐름이 보이는 듯하다. 구겐하임에 전시되다 철거된 '회화-조각'은 줄무늬로 된 천을 통해 구겐하임의 램프를 따라 움직이는 관객들에게 회화와 조각의 경계에 대해 묻는다. 길거리의 간판 위에 줄무늬 포스터를 붙이는 작업을 통해서는 사람들에게 작품이 전시되는 공간의 경계, 즉 미술관과 세상의 경계에 대해 묻는다. 파리 궁전에 설치된 '두 개의 고원'을 통해서는 관객들에게 줄무늬로 된 원기둥에 자유롭게 올라가도록 함으로써 작품을 완성시키는 것이 관객의 참여임을 말하며 작가와 관객의 경계에 대해 묻고자 한다.

회화와 조각이라는 한 대상의 경계에서 미술관과 바깥 세계의 경계로, 그리고 작가와 관객의 경계에 이르는 그의 철학은 점차 확대된다. 하나의 작은 경계를 깨고, 그 다음 나오는 경계를 깨나가는 그의 모습은 소설 '데미안'의 한 구절을 떠올리게 한다.

'새는 투쟁하여 알에서 나온다. 알은 세계이다. 태어나려는 자는 하나의 세계를 깨뜨려야 한다. 새는 신에게로 날아간다. 신의 이름은 압락사스'

절대적인 경계는 없다. 단지 그것을 우리가 절대적이라고 생각할 뿐이다. 데미안의 주인공 싱클레어가 선과 악을 넘나들며 자기 자신을 확인해나간 것처럼 다니엘 뷔랑 또한 그에게 주어진 경계를 하나하나 깨뜨려나가며 그 자신을 확인해나간다. 그리고 우리에게 질문을 던진다.

'당신이 서있는 곳이 한계인가, 경계인가? 그곳이 그저 경계라면, 발을 내딛어라'고 말이다

M. HYUN SEUNG-DON

KIM HYE-JI +

RA YEON-SU

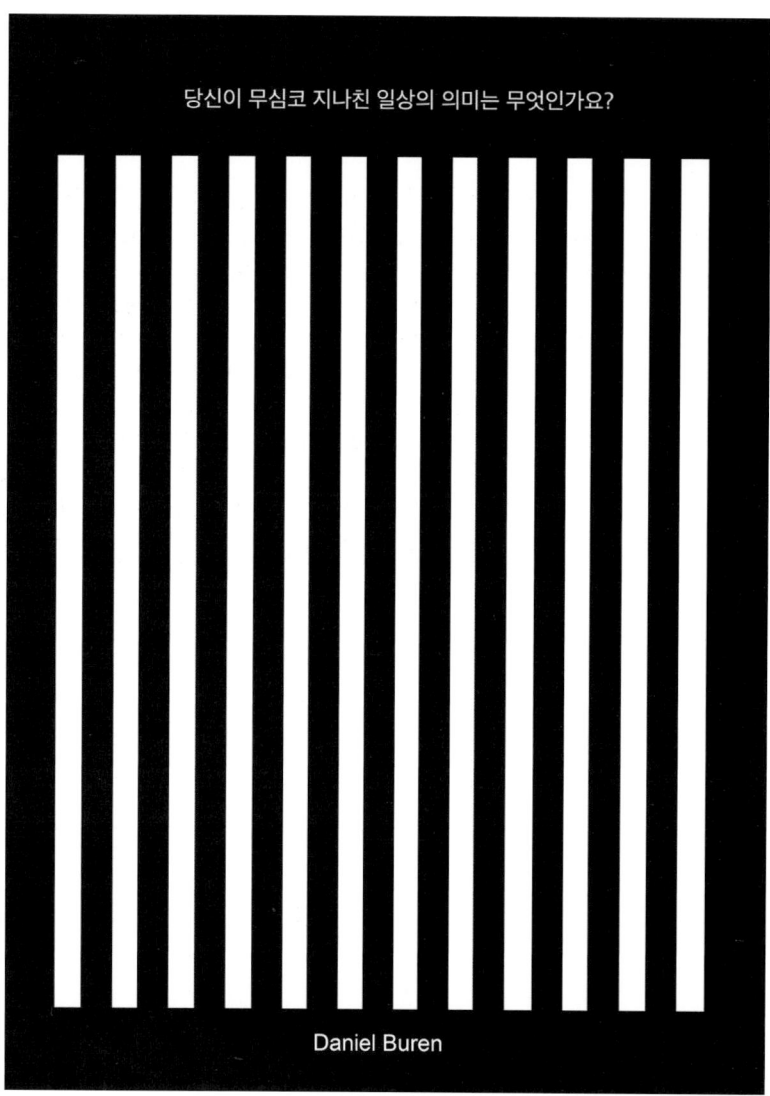

JOE SOO-YUN +

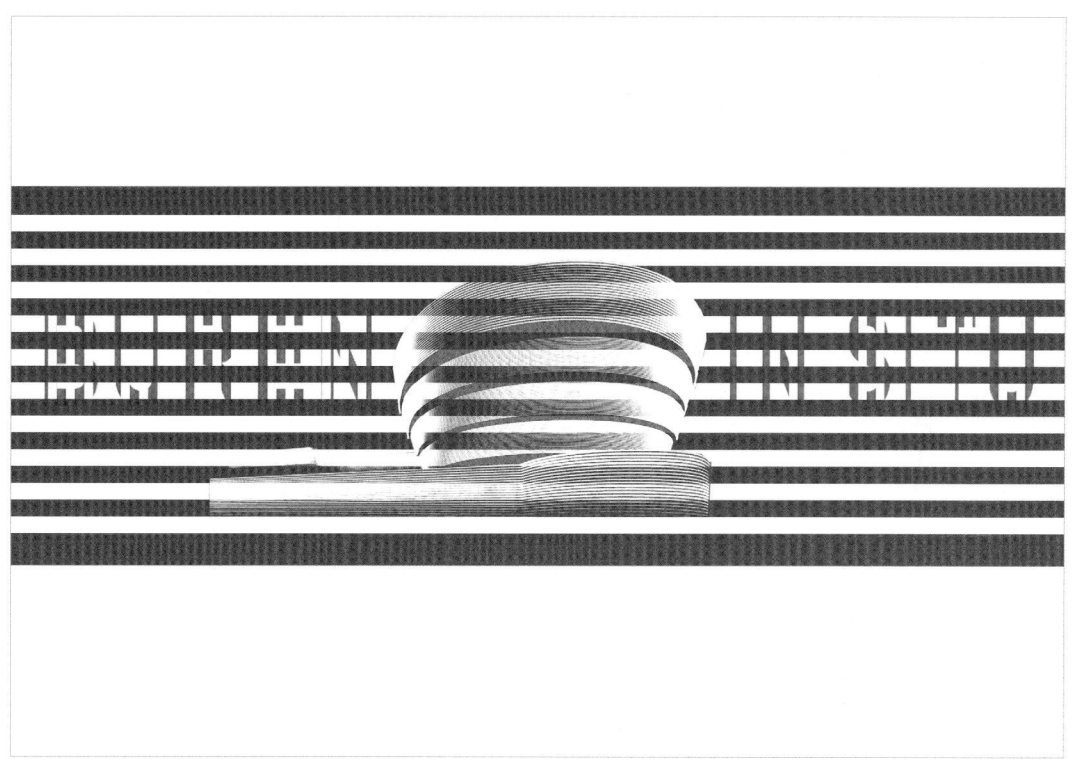

CHOI JI-WON

You Determine Your Own Sequence of Viewing

외강내유(外剛內柔)라는 한자성어가 있다. 겉은 단단하지만 속은 유약하다는 뜻이다. 이면(裏面)이라는 단어도 그렇다. 다를 이(異)자를 사용한다고들 생각하지만 사실은 속 리(裏)자를 사용한다. '속사정' 같은 의미인 셈이다. 두 단어 모두 겉으로 드러나는 것과는 다른 속성을 가진 경우를 말한다. 이러한 이면성은 경험에 제약을 준다. 누구도, 어떤 것도 자신의 내면을 쉬이 드러내고 싶지 않아하기 때문이다.

거시적 관점에서 모든 것들은 다소 표리부동(表裏不同)하다. 정도의 차이일 뿐, 모두 굳세어(剛)보이지만 부드러운(柔) 속(裏)을 가지고 있다. 속사정을 온전히 드러내게 되면 그 관계는 새로운 국면에 마주한다. 그것은 보다 높은 수준의 이해와 관심을 요한다. 더 이상 '외강내유' 뒤에 숨을 수 없게 되기 때문이다. 이러한 맥락에서, 속성의 변화는 그를 둘러싼 상황의 변화를 초래할 수 있다.

리처드 세라는 코르텐 강철을 사용해 이러한 의도를 드러낸다. 영원할 것 같이 단단한 것을 부식시키고 그것을 구부려 흐르게 한다. 굳센 것으로부터, 유약함을 이끌어내고 또 그것을 시각화함으로 리처드 세라의 작품은 탄생한다. 그의 강철은 더 이상 일반적인 속성에 갇혀있지 않다. 되려 따뜻한 붉은 색과 안으로 굽은 팔 같은 곡선으로 관람자를 감싼다. 작품의 규모와 색에 재료의 속사정을 접목함으로, 세라는 장소성의 이면을 드러낸다. 그 이면을 통해 세라는 장소에서 발생하는 예술을 넘어 장소와 그 곳에서의 경험을 재창조하는 예술로 발돋움한다.

M. HAN GYUL

리차드 세라의 '클라라-클라라'를 보며 언젠가 본 적 있던 기사가 떠올랐다. 대학교 내 학생들이 시위하기 위해 모이는 장소에 나무를 심겠다는 내용의 기사였다. 나무를 심어 학생들이 그 장소에 모이지 못하게 만들려는 학교의 의도였고, 많은 학생들이 반발했다. 나는 평소 시위에 참여하거나 의견을 강력히 주장하는 학생은 아니었다. 하지만, 그 장소에 나무가 심어짐으로써 줄어들 학생들의 함성 소리가 너무도 슬프게 느껴졌다. 우리 주변에선 약자를 대변하기 위한 시위나 학생의 권익을 위해 운동하는 학생들의 모습을 흔하게 볼 수 있다. 하지만, 너무도 익숙해서 주의깊게 보지 못했던 그 시위의 풍경이, 나무로 가려질 것이라는 이야기 하나로 값지게 느껴졌다. 리차드 세라는 익숙한 풍경을 가림으로써 부재를 느끼게 하고, 존재를 깨닫게 만들었다. 나에게는 학교가 세운다던 그 나무 한 그루가 수많은 학생들의 함성 소리의 소중함을 느끼게 만들고, 그동안 침묵해 온 나의 목소리에 대한 반성을 느끼게 해주었다. 이처럼 가린다는 것은 때때로 더 주목하게 만드는 것이 아닐까라고 생각해 본다.

M. KIM DONG-GIL

작년 서울로7017의 개장과 동시에 '슈즈 트리'라는 작품이 만들어졌다. 신던 신발을 가지고 만든 이 작품은 여러 논란을 만들고 조기 철거되었다. 비슷한 사건이 리차드 세라에게도 있었다. 바로 Tilted arc라는 작품인데 맨해튼 연방광장 앞에 설치된 작품이다. 리차드 세라는 그 작품의 철거 여부를 논할 때 "to remove is to destroy"라는 말을 하며 장소특정적 미술의 개념에 대해서 이야기했다. 단순히 조각 자체를 보고 감상을 하고 느끼는 것이 아니라 그 조각이 특정 장소에 머물 때 의미를 지닌다는 것 이다. 공공예술에서 끊임없이 논쟁이 되는 두가지 관점이 있는데 바로 가치(value)와 효용(utility)이다. 예술은 예술로서 그 자체의 의미를 중요시 하는 것 이고 효용은 공공의 권리에 부합하는 기능을 가져야 한다는 것 이다. 이러한 리차드 세라의 작품 철거 여부는 효용과 가치가 대립되는 대표적인 사건이다. Tilted arc는 연방광장 앞에 있어야 완성된다는 리차드 세라와 공공의 이익과는 대립된다는 대중들의 생각이 대립되는것이다. 앞서 말한 슈즈 트리도 흉물스럽다, 냄새난다와 같은 의견이 다수가 나와 작가의 의도와는 관계없이 공공의 이익에는 부합 하지않는다는 결론으로 조기 철거되었던 것이다.
나는 공공예술에 있어서는 작가의 자유로운 표현방식도 중요하지만 공공성이 더 중요하다고 생각한다. 대중의 공감을 얻지 못한다면 그 자체로 의미가 없는 예술이라 생각하기 때문이다. 기획단계에서 좀더 신중하게 시민들의 반응을 예상했다면 다른 작품이 나왔지 않을까 생각해본다.

M. SUN WOO-SOL

먼 곳의 클라라 클라라.
그 자리에 서서.
바람을 맞는다. 빛을 받는다. 비를 맞는다.
너는 그대로.
바람은 분다. 풀과 나무는 자란다. 물은 흐른다

나를 향해 뻗은 거대한 두 팔의 클라라 클라라.
몸을 관통하는 하나의 길 속으로 걸어 들어간다.
홀로 선 댓가로 온 몸에 새긴 붉은 시간의 상흔.
차갑지만 뜨거웠을 네 몸에 손 대어 본다

Mlle. LEE EUN-YOUNG

공공 조각일지라도 조각은 그 사회 혹은 공간에 굴복해선 안되고, 공공 조각일지라도 조각과 조각이 위치한 공공장소는 다시금 새로운 정의와 가치를 지닌다. 리차드 세라가 말했던 공공 조각에 대한 그의 철학이다. 공공장소에 공공에 어울리지 않는 '불편한' 조각을 놓음으로써 비로소 사람들은 공공 조각에 대한 사회적 정의에 대해 고민하고 되묻게 된다. 리차드 세라는 공공 조각으로만 표현할 수 있는 '불편함'이 갖는 긍정적인 효과에 대한 사회적 질문으로 확대 시킨다. 이는 일상에 동화되어 존재했던 것(공공 조각이 설치되기 전의 공간에 대한 인식)에 불편함을 부여하는 것이 오직 부정적인 것인지를 묻는 것이다. 처음의 '불편함'은 사람들에게 '흉물스럽다', '걷기 불편하다'와 같은 '감각적 불편함'을 이끌었지만 이는 곧 불편함에 대한 진지한 고민과 통찰을 하게 하면서 '하지만, 저 불편함이 사실은 사회엔 필요해.'와 같이 사람들의 마음에 '인지부조화적 불편함'로 바뀐다. 즉 그는 공공장소로 대변되는 보수적인 사회, 가치관, 기득권, 혹은 '꼰대'들에게 공공조각으로 대변되는 새로운 가치관, 개념 등으로 불편함을 일으키면서 그 문제에 대한 사회적 통찰과 질문을 유도하고 있다.

M. LEE HUN-SOO

거대한 강철로 대지를 가른다. 우리는 세상에 존재하고 대지위에 서 있으면서도 발 아래에 있는 땅의 의미를 생각하지 않는다. 리차드 세라의 조각은 우리에게 대지의 의미를 전달한다. 매일 똑같던 그 장소의 땅에 검푸른 색의 강철로 대지를 가르고, 우리는 갈라진 대지를 보며, 눈앞의 거대한 검푸른 조각을 보며 어색함을 느낀다. 그러나 시간의 흐름에 따라 새롭게 제시된 동선은 익숙해지고, 강철은 녹슬며, 대지 위에 그리고 우리의 인식 위에 융화되기 시작한다. The matter of time, 강철의 조각이 가진 시간의 흐름은 대지위에 서 있는 우리를 보게하고, 조각에 의해 분리된 땅을 인식하게 하며, 그 땅은 새로운 장소로 기억된다.

Mlle. HAN SE-YOUNG

누렇게 녹이 슨 Richard Serra의 작품들을 보노라면 주름이 패인 노인들의 모습을 보는 듯 하다. 둘 다 세월이, 시간이 빚어낸 것이기 때문일까. 그의 〈 The Matter of Time〉 같은 작품을 보면 작품의 재료가 지닌 속성을 온전히 드러나게 한다. 철판을 사용한 이 작품은 금속의 연성을 이용한 유연한 곡선, 시간의 흐름에 따라 녹슨 표면, 거대한 작품이 스스로 제 구조를 지탱하면서 느껴지는 균형미를 보여준다. 이는 곧 작품의 재료 그 자체를 보여주는 것이라 할 수 있다. 그에게 있어 재료의 속성은 작품의 중요한 소재가 되고, 소재가 곧 작품의 주제가 된다. 또한 그는 작품이 시간이 흐르는 과정 속에서 작품 주변의 환경과 끊임없이 영향을 주고받는다는 것을 알고 있었다. 하지만 그러한 생각이 대중들에게 늘 긍정적으로 받아들여지는 것은 아니었다. Serra는 공공미술에서 가장 중요한 대중과의 소통을 등한시하여 대중들에게 원치 않는 불편함을 선사했다. 이는 관람객을 단지 작품의 요소 중 하나인 통행량으로 생각했을 뿐이며, 자신의 작품을 감상하러 오는 관람객과 그저 작품 근처를 지나갈 뿐인 일반 시민들의 차이를 간과한 결과다. '공공'이란 예술에 관심이 있는 집단만을 의미하는 것이 아닌데도 말이다.
노인들도 같다. 요즘 내 주변엔 자신의 아집에 사로잡혀 객관적이지 못하고, 공정하지 못하고 타인과 소통하지 못하는 어른들이 있다. 세월이 흐르며 지혜가 쌓이지 않고 흔히 말하는 머리에 똥만 찬 사람, 그런 사람은 어떤 부와 명예를 갖고 있더라도 주변 사람에게 존경 받을 수 없다.
나는 이 작은 대학사회에서 선배의 위치가 된 지금, Serra처럼 아집에 사로잡혀 있지 않나 성찰해 봐야 하겠다.

M. JUNG KI-TAEK

색은 인간이 가진 가장 직관적이고 기본적인 판단 도구이다. 인간에게 있어 색의 인식과 구별은 그들의 생존과 직결된 경우가 많았기 때문이다. 빨갛거나 노란 열매를 얼마나 잘 발견하여 굶주리지 않느냐, 초록색 사이의 이질적인 색을 얼마나 잘 포착하여 포식자의 위협으로부터 벗어나느냐. 인간은 항상 색에 민감하게 반응하고, 그 여운을 더 길게 기억한다. 색으로 대상을 표현하기도 한다. 구체적인 형태나 이름이 기억이 안날 때, "그 검정색 그거 뭐였지?", "그 빨간 거, 그걸 뭐라고 불렀더라?"와 같은 식으로 질문하고, 소통한다. 이러한 색의 특성을 적극 활용하여 Richard Serra는 자신의 작품에 영속성을 부여한다. '기울어진 호(Tilted arc)'가 야기하는 기능적인 효과, 시야의 차단과 통행의 불편은 미적 경험을 하는 대중들의 적극적인 참여와 실천을 이끌어낼 수 있지만, 오래 지속되지 않는다. 작품이 실재하는 그 때뿐이다. 작품이 철거되면, 그들은 다시 자신들에게 익숙한 삶으로 돌아가 아무것도 하지 않고 틀에 박힌 매일을 살아갈 것이다. 작품이 그 장소에 존재했는지 기억조차 못할 것이다. 하지만 가장 기본적인 것-'색'-에 의해 그의 작품과 그와 관련된 일련의 사회활동은 단순하면서도 영원히 기억될 수 있다. 작품의 이름을 기억 못해도 좋다. 그 작품이 어느 도시의 어느 지점에 있었는지 기억 못해도 좋다. 그것이 어떤 형태를 가졌는지, 무엇을 의미했는지 몰라도 좋다.
"내가 생활과 예술의 일상성에서 벗어나 새롭게 생각해보게 된 계기는 답답하고 불편했던, 그 '검푸른 갈색' 때문이었어."라는 말을 할 수 있게 되었다면.

M. CHUN DO-HOON

'본다' 라는 행위는 단순한 시각적인 문제가 아니라 방식의 문제로 접근해야 한다. 현재의 우리는 당연한 일상과 관습적인 교육, 미디어로 인해 본다는 것을 굉장히 단편적이고도 보편적인 행위로 인식하고 있다. 존 버거는 본다라는 행위는 우리 개인들의 선택과 관련된 것이고 그 객체가 되는 대상들 자체 뿐만 아니라 그들 사이의 관계와 환경에 영향받게 된다고 말한다. 따라서 천편일률화된 관습적 시선은 주관적으로 세분화되어야 하고 사람들은 나만이 가질 수 있는 시선이 무엇인가 재고해야 한다는 것이다.

나조차도 존 버거가 언급한 관습적 시선을 통해 세상을 바라보고 오늘도 특별할 것 없어보이는 산책로를 걸어가고 있다. 그런 내 앞에 당황스러운 강철 덩어리가 우뚝 서 있다. 보여야 할 것들이 보이지 않고 당연히 있어야 할 내 기억 속 환경들이 두 눈에 비쳐지지 않는다. 감각적 제한을 받게 된 나는 기억을 더듬으며 사실 중요한건 눈 앞의 실제가 아닌 내 기억속 대상의 이미지라는 것을 깨닫게 된다. 강철로 인해 보이지 않게 된 대상들은 언제나 내 기억 속에서 새로운 모습으로 자리하고 있었다. 나는 비로소 눈이 아닌 기억으로 '보는' 방법을 터득하게 되었다. 존 버거를 대신해 그의 정신을 역설적으로 시각화하여 억압을 통해 자유를 선사해준 리처드 쎄라에게 감사의 인사를 전하는 바이다.

M. JUNG JI-WON

사람들은 흔히 Richard serra를 미니멀리스트 아티스트라고 분류한다. 간결하며 단순한 작품의 외형 때문일 것이다. 하지만 극히 단순화된 형태라는 이유로 그의 작품을 단지 미니멀리스트로 정의하기에는 한계가 있다.

그는 한 공간을 창조해내기 때문이다. 그의 작품은 단순한 메탈덩어리가 아니다. 뚫려있는 문 사이로 들어가면 비로소 보이는 공간의 내부 자체가 그의 작품이다.

Richard serra는 메탈이 가지고 있는 그 에너지를 변형시키지 않고 그대로 형상화하며, 사람들에게 새로운 공간을 향한 매개를 제공한다. 인간의 키의 두배를 훌쩍 뛰어넘는 거대한 철근들 사이에서, 관객들은 적막을 느끼며 원형으로 회귀된다.

간결하지만 무게가 있는 그의 작품은 한없이 가벼워지고 있는 21세기에 진정 가치있는 질량을 싣고 있다.

Mlle. JEONG JAE-HYUN

리차드 세라의 작품은 그것이 장소를 고려한 것이든, 고려하지 않은 것이든 차단의 감정을 준다는 점에서 공통점을 가진다. 장소의 문맥을 고려하여 설치된 '기울어진 아크'나 문맥과 상관없이 놓인 '클라라 클라라'는 모두 주변의 시야를 차단하고, 불필요한 동선을 만듦으로써 그것이 없었던 때를 추억하게 한다.

과거를 떠올리게 하는 그의 작품은 마치 만화 속 악당의 역할과 비슷한 것처럼 느껴진다. 사람들을 억압하고, 힘들게 만드는 악당을 통해서 힘없는 약자들은 평화로웠던 때를 그리워하게 된다. 마찬가지로 리차드 세라의 작품이 들어선 순간, 관객들은 그것이 없었던 평화로웠던 장소를 그리워하게 되는 것이다. 만화 속에서는 이런 어두운 상황에서 영웅이 등장해 악당을 물리치는 것이 당연한 수순이고, 그렇기에 악당은 영웅을 돋보이게 하는 필요악의 역할을 떠맡는다.

그렇다면 '기울어진 아크' 또한 평화로웠던 과거의 장소를 떠올리게 하기 위한 필요악이라고 할 수 있을까? 나에게는 이 작품이 필요악으로 보이지 않는데, 다수의 공감을 얻지 못했기 때문이다. '기울어진 아크'는 설치되었을 때 많은 논란이 있었다. 사람들을 불편하게 하고, 외관상으로도 좋게 보이지 않는 그의 작품에 대해서 그것이 공간에 대한 작가의 폭력에 불과한 것인지, 아닌지에 대한 이견이있었다. 사람들은 이 작품이 그들에게 영향을 끼치려는 권력의 일종으로 보았고, 결국 '기울어진 아크'는 철거되었다. 그의 작품이 대중의 공감을 얻지 못했다는 점에서 그의 작품은 '공공장소에 놓인 사적인 것'에 불과했다.

사실 사람들을 불편하게 만드는 일은 조심스럽게 행해져야 하는 일이다. 불편함을 주는 일은 편함을 주는 일보다도 쉽게 이루어지기 때문이다. 타인에 대한 배려 없이 일어나는 일들은 대부분 불편함을 주고, 우리는 불편함을 느낄 때 그것이 의도한 불편함인지, 이기적인 목적에서 생겨난 불편함인지 쉽게 구분할 수 없다. 그렇기에 작가의 역할은 더욱 중요해진다. 관객에게 그것이 자신이 의도한 불편함이라는 것을 깨달을 수 있도록 세심한 배려가 필요한 것이다. '클라라 클라라'가 '기울어진 아크'와 다르게 사람들에게 논란이 되지 않는 이유는 그것이 필요한 불편함이라는 것을, 새로운 인식을 하도록 만들어주는 잠깐의 불편함이라는 것을 관객들이 받아들였기 때문일 것이다.

M. HYUN SEUNG-DON

리차드 세라는 공간 속에 거대하고 투박한 철판으로 가림막을 쳐놓았다.
사람 키를 훌쩍 넘는 그 거대한 막 속에선 오로지 바닥과 하늘만 볼 수 있을 뿐이다.
사람들은 이 끝을 알 수 없는 막을 지나면서 점점 무언가를 느끼기 시작한다.

"Thinking on your feet."
가려진 막은 다른사람, 다른 공간으로부터 나를 차단함으로써 오로지 '나'에게 집중할 수 있는 시간을 준다.
그 공간을 경험하는 시간 동안 떠오르는 기억들은 마치 필름처럼 지나간다.
못생기고 투박한 가로막힌 철판에서, '나'의 기억필름 속의 장소(place)를 떠올린다.

Mlle. JOE SOO-YUN

미니멀하고 거대하다. 그 정지된 거대함 안에서 인간은 움직이는 작은 존재가 되며 작품 안을 거닐게 된다. 이 때문에 리처드 세라의 작업은 공간안에서 새로운 공간을 만들어내는 힘을 갖게 된다. 거대하고 압도적인 힘 앞에서 인간은 그 대상을 바라보고 그것이 만들어내는 공간 속을 거닐며 작품이 만들어내는 공간과 의미에 대해서 사유하게 된다. 작품의 형태에 따라 인간의 움직임 또한 흘러가듯이 따라가게 되고 마침내 그 끝에 도달하여 탁 트인 넓은 공간을 만났을때 느끼게 될 감정은 또 어떠한가. 이렇듯 리처드 세라의 작품은 인간의 체험과 함께 규정된다. 과거에 작가는 작품 〈기울어진 호〉에 대한 논란에 대하여 자신의 작업은 장소 특수성에 기반을 두고 있다고 주장했다. 하지만 장소 특수성이란 개념에서 벗어나자 그의 작업은 오히려 자유를 얻은 것처럼 보인다. 물론 작품의 창조자는 작가이다. 작가는 자신의 작품이 완벽한 상태에 놓일 결정권을 가지고 있다. 그렇지만 작품이 공공의 장소에 놓이게 되었을때 작품은 더이상 작가 개인의 소유가 아니다. 작품은 대중과 만나며 그 안에서 새로운 방식으로 정의되는 과정을 거쳐 작가가 아닌 대중의 소유가 되는 것이다.

Mlle. NAM SONG

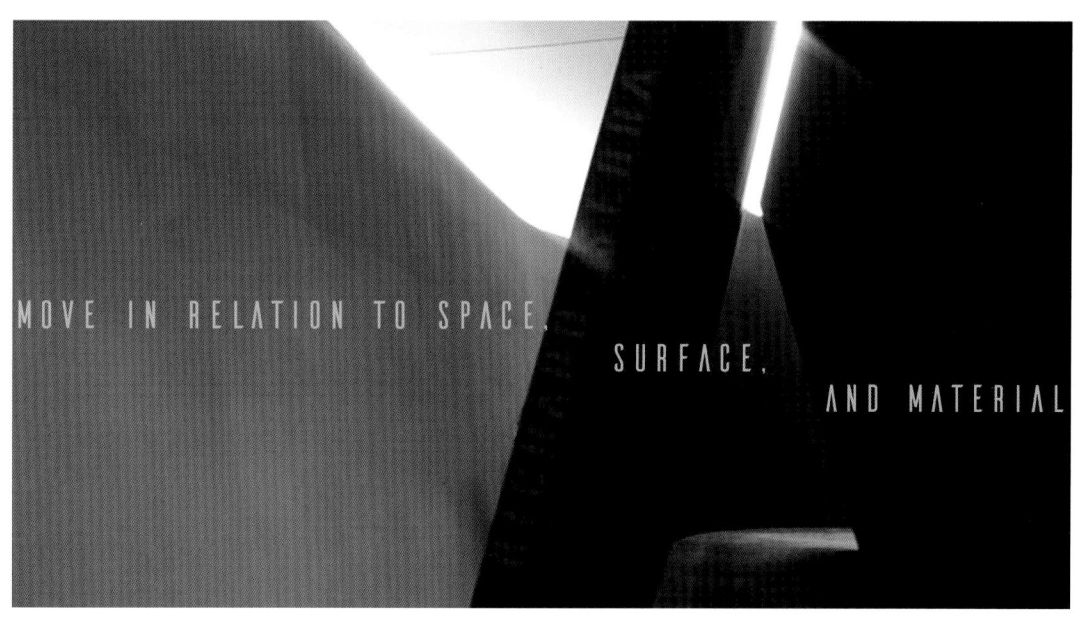

CHOI JI-WON +

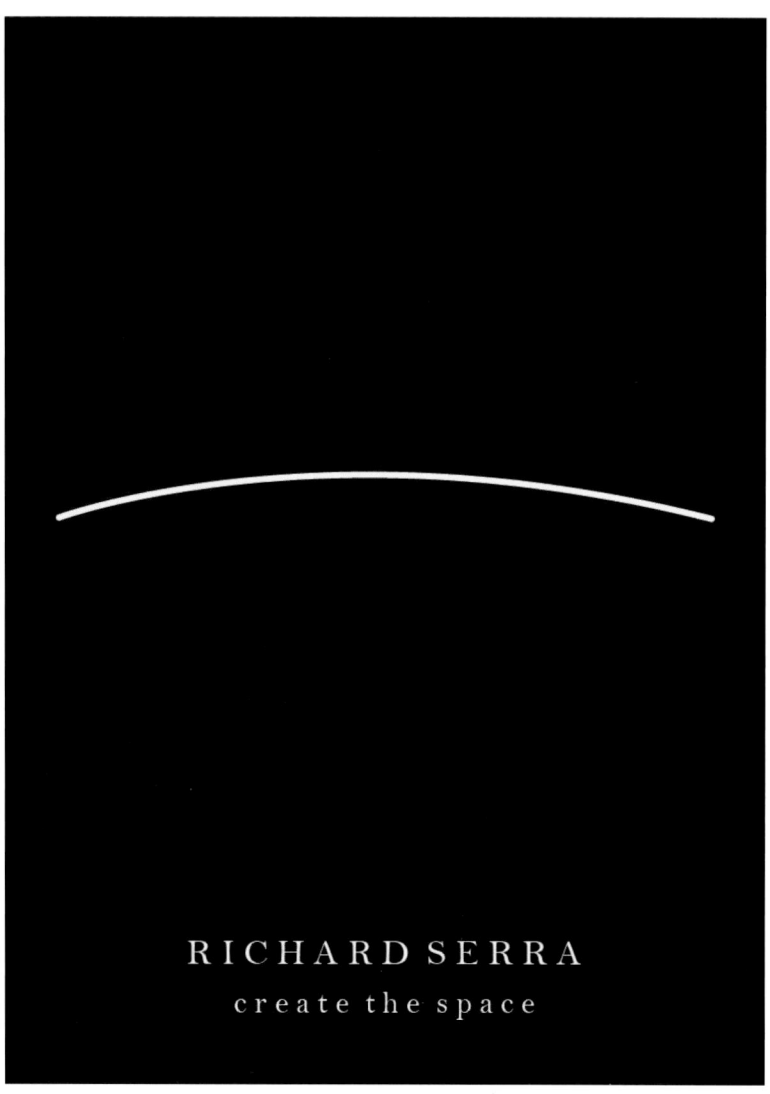

RA YEON-SU

TAE YU-JIN

LIM JI-HYUN

RICHARD SERRA

BY CONSTRUCTING SPACES,
WE BECOME SOMETHING DIFFERENT FROM WHAT WE ARE.

CHOI YUNA

YOON BYUNG-YOON

Public Arts Definded by Public's Judgement
Realizing from serra's art

YOO YOUNG-HYUN

The Relationship of The Human Project To Time and Space

인간의 형상을 한 조형물이 해변, 도시, 바다 위 등 곳곳에 놓여져 있다. 안토니 곰리의 〈Another place〉는 인간의 형태를 본 뜬 쇳덩어리에 불과하지만, 넓은 대지와 혼잡한 도심 속 서 있는 모습이 형용할 수 없는 인간의 쓸쓸함, 외로움들을 느끼게 만든다. 그리고 이내 우리는 그 형태에서 스스로를 발견한다. 우리는 '우리'로서 함께 살아가지만, 그 안에서 각자는 그 조형물처럼 외롭고, 위태롭다. 관계와 대화 속에 숨겨 보이지 않을 뿐 '우리'를 벗어난 스스로는 고독했음을, 텅 빈 쇳덩어리가 각자를 비추는 거울이 되어 말해주고 있다. 함께 식사할 사람을 찾아 밥을 먹고, 같은 수업을 들을 친구들을 찾아 강의실에 앉아 있다. 심지어 SNS라는 관계망을 통해 떨어진 공간 속에서도 우리는 '우리'를 잃지 않는다. 그렇게 고독해지지 않으려, 외로움을 느끼지 않으려 노력한다. 허나, 결국 우리는 언제나 '우리'일 수 없기에 각자의 자리에 서서 고독을 견뎌내는 연습을 해야하는 것은 아닐 지. 해변 위 곳곳에 놓여진 〈Another place〉를 통해 발견하기 어려웠던 고독이란 감정의 의미를 고찰해 본다.

M. KIM DONG-GIL

body in time. 몸의 시간을 기록하는 것. 한 인간을 구성하고 있는 몸은 살면서 거쳐 온 영겁의 시간을 담고 있다. 그 영겁의 시간 속에서 경험한 수많은 장소들은 생애에 걸쳐 몸의 공간을 구성한다. 그렇게 구성된 몸의 공간은 살아가는 동안 경험하는 모든 시간과 공간에 대해 감각을 제공하며 제공된 감각은 무한한 영역으로 확장되는 가능성을 가지게 된다. 인간의 삶은 유한하고 그로 인해 삶의 과정에서 겪는 시간과 공간도 유한하지만, 우리가 살면서 느낄 수 있는 모든 감각은 무한한 것이다. antony gromley의 조각은 무한한 영역으로 확장되어가는 몸의 에너지를 담으며 우리에게 말한다. "모든 가능성을 담고 있는 것은 당신 그 자체, 그리고 인간의 삶이다."

Mlle. HAN SE-YOUNG

요즈음 대부분의 현대인들이 SNS를 사용한다. 특히 자신의 활동을 나타내기 위해 보고, 먹고, 들었던 것을 SNS에 자주 드러낸다. '대림미술관'에서 전시를 보았고, 망원동 '태양식당'과 '자판기' 카페를 갔으며, 인디에서 유행하는 '새소년' 노래를 들었다고 말이다. 이것들이 하나둘씩 SNS에 올라가 다른 사람들이 그들의 SNS를 본다. 여기서 곧 사람들은 자아를 정의할 때 실수를 범한다. 자신이 본 것과 다른 사람에게 보여지는 것이 곧 '나'가 된다고 착각을 하는 것이다. 우리가 감각적(Sensual)으로 느꼈던 일련의 활동들이 '나'가 될 수 있을까? 어느 정도는 나의 모습이 될 순 있겠지만 '나'를 근본적으로 표현하기엔 한계가 있다. 근본적이고 궁극적인 '나'를 알기 위해서 좀 더 치열하고 깊은 통찰을 할 필요가 있다. 또한 자아는 차분함과 진지함 속에서 오랜 시간 동안 행해져야 조금이나마 알 수 있는 것이다. 그래서 안토니 곰리의 작품은 바쁘게 살아가는 현대인들에게 정말 필요한 하나의 메시지로 다가온다. '나'가 누군지 고민하지 않은 채 흘러가는 대로 살아가는 우리에게 '나'에 대해서 진지하게 고민한 적이 있냐고 묻는다. 그 방법은 매우 쉽다. 그저 눈을 감고 나에 대해 생각하는 것이다. 아무 곳에나, 아무 자세로 놓여진 안토니 곰리의 인간 형상을 한 조각을 나와 동일화시키는 것이다. 눈을 감은 그 곳은 나만을 위한 진정한, 무한한 시공간이 되고 그 속에서 우리는 자아에 대한 진지한 통찰을 시작한다. '나'를 그제서야 마주치는 것이다.

M. LEE HUN-SOO

antony Gormley의 작품은 예술이라기보다는, 철학으로 다가온다.
그는 그의 작품에 많은 의미를 담으려고 하지않는다. 그의 많은 생각을 관객에게 전하려 애쓰지 않는다. 단지 비울 뿐이다. 비우고 비움으로써 그 자리를 관객이 직접 사유하도록 한다.

"눈을 감아보세요. 지금 우리는 각자의 내면에 있는 주관적이고, 선택적인 어둠의 공간 속에 있습니다. 그 곳엔 아무것도 없습니다. 차원도, 한계도 없습니다. 끝없는 공간입니다. 이 공간이 바로 제가 생각하는 '조각'입니다."
그는 자신의 몸을 직접 캐스팅하여 공간 혹은 주변 환경과의 관계 속에 신체를 설치한다. 자신의 몸을 뜨기 위해, 납조각속에 눈과 입과 귀를 모두 막고 두 팔을 모으며 외부와 분리된 그의 모습을 상상해본다. 그의 몸을 통해 표현되어진 조각은 신체의 표피이면서도 그 내부를 상상하게 만드는 역설을 지닌다. 얼굴의 생김새나 피부색 등과 같은 가시적 요인이 아닌, 작가의 숨결과 영적 에너지를 느낀다.

그의 작품은 아름다움을 좇지않으며, 단순하다.
그 공(空)적인 순간에서 우리는 무엇보다 복(複)한 사유가 가능해진다

Mlle. JEONG JAE-HYUN

눈을 감고 생각해보세요.
antony Gormley의 작품은 감각주의적 자극이 아닌 내면성을 추구한다. 그는 자신의 몸을 석고로 떠 주물작품을 만든다. 작품은 인간의 나체이며 이는 지극히 사적이고 자아의 상태를 뜻한다. 작가는 이 작품을 통해 관객들과 소통하고자 한다. 다만, 그 소통은 언어적 소통이 아닌 비언어적 커뮤니케이션이다.
그는 바다가 이어지는 넓은공간에 인체 주조물을 곳곳에 놓아둔다. 이는 지평선으로 이어지는 공간 전체를 전시장으로 만들며 공간개념을 확장해 나갔다. 마치 우리가 세상에 놓여 있는 것과 같이 자기를 내려놓은 채 자연의 모습으로 놓여있다. 시민들은 비어있는 공간 곳곳에 채움을 느끼고, 그들의 감정을 끌어낸다. 곰리는 자신의 몸을 석고로 두르게 하는 과정에서 지극히 수동적인 존재가 된다고 하였는데, 이는 관객들에게도 전이되는 느낌이자 체험이다. 작가는 이를 통해 정신적이고 내적인 체험으로 그들을 이끄는 것이다. 이는 몸과 몸의 소통이기도, 정신과 정신의 소통이기도 하다. 지평선의 하늘과 땅의 경계처럼 몸에서 정신으로 생각이 천천히 옮겨간다. 현세에는 분명 이성으로 설명할 수 없는 부분이 존재한다. 곰리는 인간을 표현하는 주물을 통해 내면의 감정을 드러내는 것으로 그러한 한계를 극복하고자 하였다.

M. KANG JU-WON

자신의 몸을 석고로 떠서 주물을 만드는 인체 작업을 한다. 발가벗은 몸을 직접 주물로 뜨는 과정에서 그는 자신을 비우는 마음의 수련 과정을 거친다. 몸은 바깥 세상과 소통하는 유일한 도구이자 자신을 둘러싸고 있는 공간과 나의 관계는 끊임없이 재정의 될 수 있다. 작품을 만드는 동안 그가 눈을 감고 입을 닫으면 아무것도 보이지 않고 아무것도 말할 수 없지만 명상을 통한 정신성과 내적 체험을 통해 새로운 경험과 세상이 펼쳐진다.
눈과 입을 닫고 생각하자. 새로운 세상이 펼쳐진다.

Mlle. KWON HA-YOUNG

눈을 감는다. 어둠이 보인다. 아니 정확히는 어둠의 공간이 보인다. 그곳은 상상의 공간이자 잠재의 공간이다. 그곳은 아무것도 없고 아무것도 존재하지 않는다. 차원도 없고, 경계지을 않는 끝없는 무한의 공간이다. 안토니 곰리는 그 공간을 조각한다. 그는 추상적인 것이나 물질적인 신체를 다루는 조각가가 아닌 공간의 조각가이다.

리차드 세라가 조각으로 공간을 가림으로써, 우리가 항상 경험했던 그 공간에 대한 몸의 기억을 불러 일으켜 볼 수 있게 한 것처럼, 안토니 곰리가 말하는 공간 또한 눈을 감아야 보이며, 그 공간은 내가 경험했던 몸의 기억을 그리고 그 기억을 통해 감각을 재생시킨다. 이러한 그의 역설적인 표현 방식은 '보는 법 배우기'라는 작품에서도 알 수 있다. 아니쉬 카푸어가 벽에 낸 상처를 '도마의 치유'라 명명한 것처럼 , 안토니 곰리의 '보는 법 배우기'는 뜬 눈이 아닌 눈을 감고 있는 자신의 모습을 본 떠 만들었다. 눈을 감고 보는 그 공간은 선택적이고 주관적인, 그리고 근본적인 공간이다. 그 공간은 마치 '빙산의 일각'처럼 눈을 뜨는 것으로는 보이지 않는다. 그렇기에 그 공간은 눈으로 보이는 '외면'이 아닌 '내면'이다. 그는 밖으로 내보이고 싶지 않은 자아의 상태를 조각한다. 그래서 곰리는 겉에서 안으로 깎아 만드는 전통적인 조각의 방식이 아닌 안에서 겉으로 나아가는 방식으로 만든다. 그는 조각의 암묵적 전통을 뒤집는 미적 과정을 거치면서 이제까지의 미술에서 추구하던 것들을 다르게 인식한다.

Mlle. PARK HA-YEONG

나는 사람에게 관심이 많다. 특히 어떤 것을 받아들일 때의 감정에 주안하고 있다. 그것이 사람을 가장 잘 설명하기 때문이다. 대개 표현을 통해 사람을 알 수 있다고들 한다. 그러나 표현은 환경, 사람 등의 외부요인에 따라 선별적으로 나타날 수 있기 때문에 그것으로 사람을 온전히 아는데는 한계가 있다. 이에 반해 수용 양상은 온전히 자의적일 수 밖에 없다. 내용을 외부로 노출할 의무가 전혀 없기 때문이다. 있다고 하더라도 타인의 언어로 표현해 감추면 그만이다. 그러므로 철저히 비언어적이지만 가장 중요한 가치이다. 표현 상대의 수용 경향을 유추할 수 있는 단서에 지나지 않는다.

이러한 나에게 사람은 안에서 밖으로 쌓아가는 조각이다. 자신만의 수용 방법을 만듦으로 사람은 스스로 기능한다. 안토니 곰리의 조각처럼, 다소 듬성듬성 비어있을지는 몰라도 안에서 밖으로 만들어진 사람은 온전히 서 있을 수 있다. 석고틀 외형으로 가뒀던, 본인으로 채워진 내면을 공개하고 그것을 공간에 배치하며 안토니 곰리는 존재한다. 나아가 밝은 어둠의 모순 속에서(Blind light) 온전한 사유를 제시한다. 각자의 채워지지 못한 내면 속으로 체험자를 인도한다. 비로소 사람은 존재의 이유와 근원을 찾고 자신을 안에서 밖으로 쌓아나간다

M. HAN GYUL

1) '명상을 통해 당신은 더욱 체계적인 방법으로 그 공간을 살펴 볼 수 있다.… 그 집중을 통해 신체 안의 존재(being in the body)의 감각을 찾아볼 수 있다.' 작가는 body(신체)가 아닌 being(존재)를 조각한다. 얼굴 없는 그의 작품들은 아무도 아니다. 동시에 '모두'이다.
2) 우리는 '자기 자신'을 무엇으로 인식할까. 거울에 비친 모습은 내가 생각 하는 '나'가 아니다. 신체안에 있는 존재를 스스로의 '나'로 인식한다. 안토니는 그런 나를 만나게 해준다. 들판 위, 건물 옥상, 난간, 벽을 타고 서있는 모습, 천장을 관통해 있는 그의 작품은 공간을 눈에 담고 있는 우리의 존재를 밖으로 표현해준다. 시선이 닿는 풍경(공간)을 보며 인식하고 있는 나를 보여준다.
3) 중세의 조각은 신체의 아름다움을 나타냈다. 피렌체의 광장에 서있는 다비드는 아름다움을 뽐낸다. 안토니의 조각은 '존재'의 존재를 나타낸다. 어색하게 서있는 작품은 존재감을 뽐낸다.
4) 우리의 관계는 외적인 것이 아니다. 서로 얘기를 나누며, 밥을 먹고, 관계를 갖는 것은 존재를 나누는 행위이다. 자아의 상태를 나누며 서로 교감한다.

멍하니 있는 그의 작품에 상실감을 느끼기도 좌절을 느끼기도 한다. 여태 당당하게 이상적인 주체를 강조하던 인체 조각과는 다르다. 이러한 과정으로 예술에서 추구하던 나와 타인의 관계를 다르게 인식한다. 말이나 의식을 넘어 본질적인 관계를. 우리는 이러한 소통의 문제를 고민해야한다.

M. JO JU-HYUN

공간에 대한 지각은 오감에 의존적이므로 경계에 대한 인식이 동시적으로 이루어질 수밖에 없다. 하지만 오감을 넘어서는 차원의 공간 지각에 대해선 과연 그 한계를 논할 수 있을까. 곰리는 바로 이런 공간 경험의 무한한 가능성을 조각한다.
사람은 "관계가 시작되면 어느 쪽이든 그 이전의 상태로 돌아갈 수 없듯 존재적 만남은 어떠한 방식으로든 영향을 미쳐 결국 "절대적인 타자도 자아도 없다"는 결론에 이르게 만든다. 난 그간 내가 미칠 영향력에 대해 심한 존재적 책임감에 시달려왔다. 역으로 누군가에 의해 내가 변화될 것도 두려웠다. 관계가 시작되기도 전에 겁을 먹고 홀로되길 반복했다.
하지만 존재적 책임감을 회피하는 것이 과연 자유에 가까워지는 일일까. 자유라면 그건 상당히 공허한 자유일 것이다. 눈을 감았을 때 마주하는 끝없는 어둠과 같은 지나치게 본질적인 空의 상태. 다행이도 사람은 순수히 홀로 있을 수 있는 존재가 아니다. 눈을 감으면떠오르는 곳이 있고 생각나는 네가 있다. 곰리가 제시하는 무한한 공간경험 안에서도 홀연한 나만의 기억이 있다. 어쩌면 존재를 부각 시키기 위한 空이자 무한성이 주는 두려움이며 이를 극복하게 만드는 존재적 책임감을 상기시키는 것이 곰리의 작품 아닐까. 어디에 있든 내가 나임은 달라지지 않기 때문에

Mlle. KIM YE-JI

모든 대상은 그것의 외형과 그 안의 실체로 이루어진다. 밖에서부터 안으로 깎아나가는 조각의 방식은 우리의 외형을 확인시켜준다. 그렇다면 안에서부터 밖으로 채워나가는 작업은 우리의 실체를 확인시켜줄까?

안토니 곰리는 그의 몸을 본뜬 공간에 다른 것을 채워나가면서 우리의 실체를 확인하고자 한다. 우리의 몸 안에 있는, 눈을 감으면 느껴지는 까만 공간이 우리의 실체이고, 비어있는 듯 보이는 이 공간은 결코 빈 공간이 아니라고 말한다.

게이츠헤드에 세워진 '북부의 천사'는 이런 그의 생각을 확인시켜 준다. 과거 석탄 광산이 있던 언덕 위에 설치된 이 작품은 꼿꼿이 서 있는 한 사람이 날개를 양 옆으로 펼친 형상을 하고 있다. 손 대신에 날개를 가진 천사는 날아갈 것 같지 않다. 그저 두 발로 서서 날개를 펼쳐 바람을 맞을 뿐이다. 언덕 위에서 바람을 맞는 천사의 눈은 그려지지 않아 마치 눈을 감은 듯하고, 이를 보는 우리 또한 눈을 감게 만든다. 북부의 천사처럼 눈을 감고 손을 양 옆으로 펼친 우리는 바람을 느끼게 된다. 그런데 이 바람은 우리의 피부를 스쳐지나가지 않고 우리 몸 안으로 스며들어온다. 이 바람은 흘러가는 시대의 바람이고 게이츠헤드의 변화의 바람이다. 폐쇄된 석탄 광산 위에서 우리 안의 까만 공간은 새로운 변화에 대한 느낌으로 채워지고, 우리가눈을 떴을 때 가슴 한편에 자기 자신만의 느낌으로 채워진 천사상이 하나 세워졌음을 느낄 수 있다.

그리고 이 천사상은 우리의 느낌을 반영하듯 우리 각자의 얼굴을 닮아갈 것이다. 북부의 천사상은 이를 보는 사람으로 하여금 같은 자세로써 우리를 하나로 연결해주는 동시에, 본인의 얼굴을 닮은 천사를 느끼게 함으로써 우리 자신을 확인하게 만들어준다.

우리 안의 까만 공간은 결코 비어있지 않다. 그 공간은 외부 공간에 대한 우리의 느낌으로 재구성되어 채워져 있다. 우리 안에 채워진 형상은 우리의 사고를 변화시킨다. 그리고 우리의 행동마저 변화시킨다. 결국 우리 안의 까만 공간을 채워나가는안토니 곰리의 작업은 우리의 실체를 확인하게 해준다.

M. HYUN SEUNG-DON

100일 동안 하루에 한 시간씩 한 명을 트라팔가 광장의 좌대에 올린다. 이것은 안토니 곰리의 트라팔가 광장 전시 계획이다.전시에 동원된 인원은 총 2400명으로 그들은 좌대에 올라 각자 하고싶은 행위를 하며 그 모습을 인터넷을 통해 생중계했다. 안토니 곰리는 조각이라는 정지된 오브제를 살아있는 인간으로 확대시켰다. 좌대 위에 오른 인물들은 한 시간 동안 그 광장 안에 있는 사람들의 시선을 끌며 그 공간의 주인공이 된다. 누군가는 자신의 신념을 스피치하기도 하고 퍼포먼스를 하기도 하며 또 아무것도 하지 않는 사람도 있다. 단지 사람을 좌대에 올림으로써 그는 광장이라는 공공의 장소를 단 한 사람이 주목받을 수 있는 무대로 탈바꿈시켰다. 그 무대 위에 서 있는 평범한 사람은 한 시간동안 그 광장의 주인공이 되어 자신을 표현할 자유를 얻게 된다. 광장 안에 있는 누구도 살아있는 조각을 그냥 지나치지 않으며 그저 좌대 위에 오른 '조각'에 집중한다. 그들이 어떤 행동을 할지 궁금해하며 또 그들이 하는 행위를 지켜보며 자기 나름대로의 방식으로 작품을 감상하게 된다. 안토니 곰리는 이 작품을 통해 지극히 평범한 사람에게 대중의 눈에 띨 수 있는 시간과 공간 그리고 자유를 부여했다. 이 때문에 작품은 정지된 사물이 아닌 사람으로 채워지게 되고 또 정지된 사고가 아니라 생동하는사람들의 행위를 통해 표현된다. 시민의 참여를 통해 완성된 이 작품은 소수를 위한 예술이 아닌 대중을 위한 예술로 기능하며 우리라는 집단에 포함된 개인을 세심하게 바라볼 기회를 선물한다.

Mlle. NAM SONG

ANTONY GORMLEY

WHERE START LANGUAGE ENDS

KWON HA-YOUNG

YUN YU-RIM +

눈을 감으면,
나를 이루는 모든 것들과 나를 감싸고 있는 세상을 느낄 수 있다.
나 자신이 이 공간의 일부가 되고, 이 공간이 나의 일부가 되어 비로소 나는 '가장 큰 공간'을 마주한다.
어떤 장소에 내가, 공간 속에 공간이 존재한다.

KIM HYE-JI

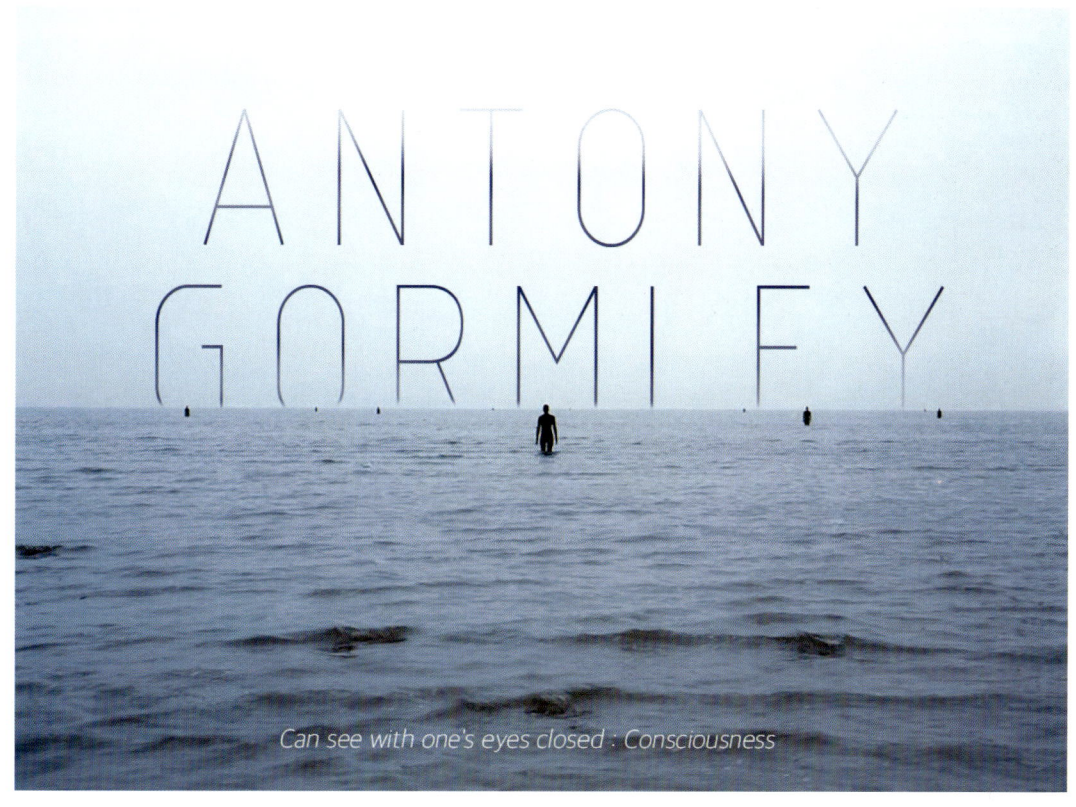

Can see with one's eyes closed : Consciousness

ANTONY GORMLEY

RA YEON-SU

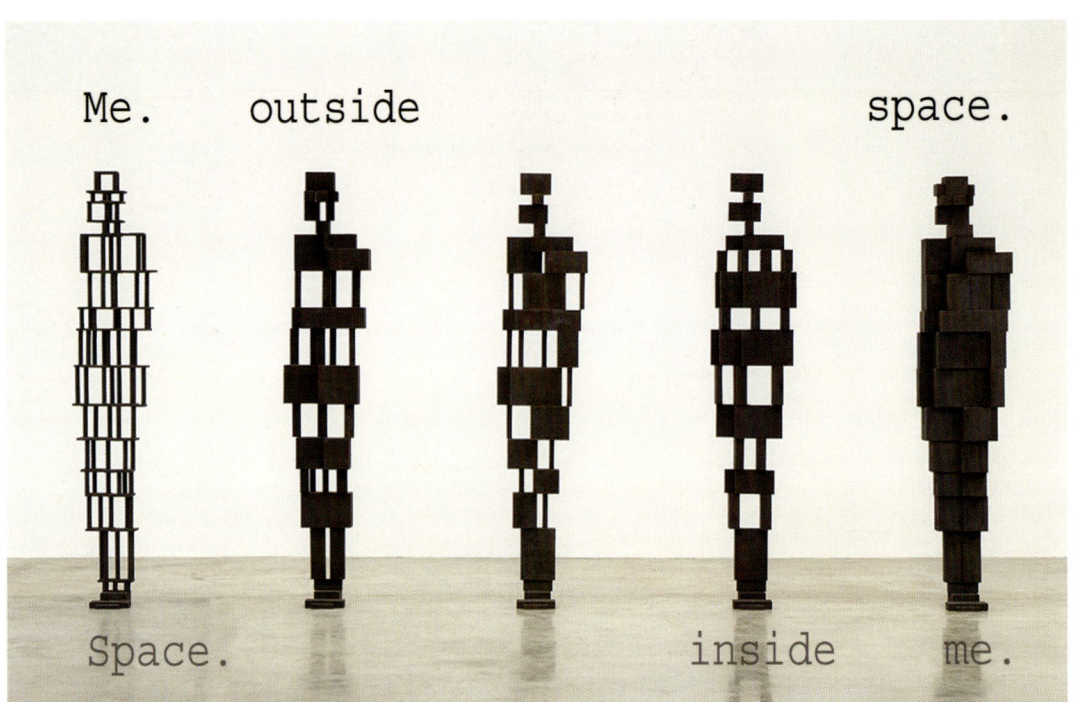

YOON BYUNG-YOON

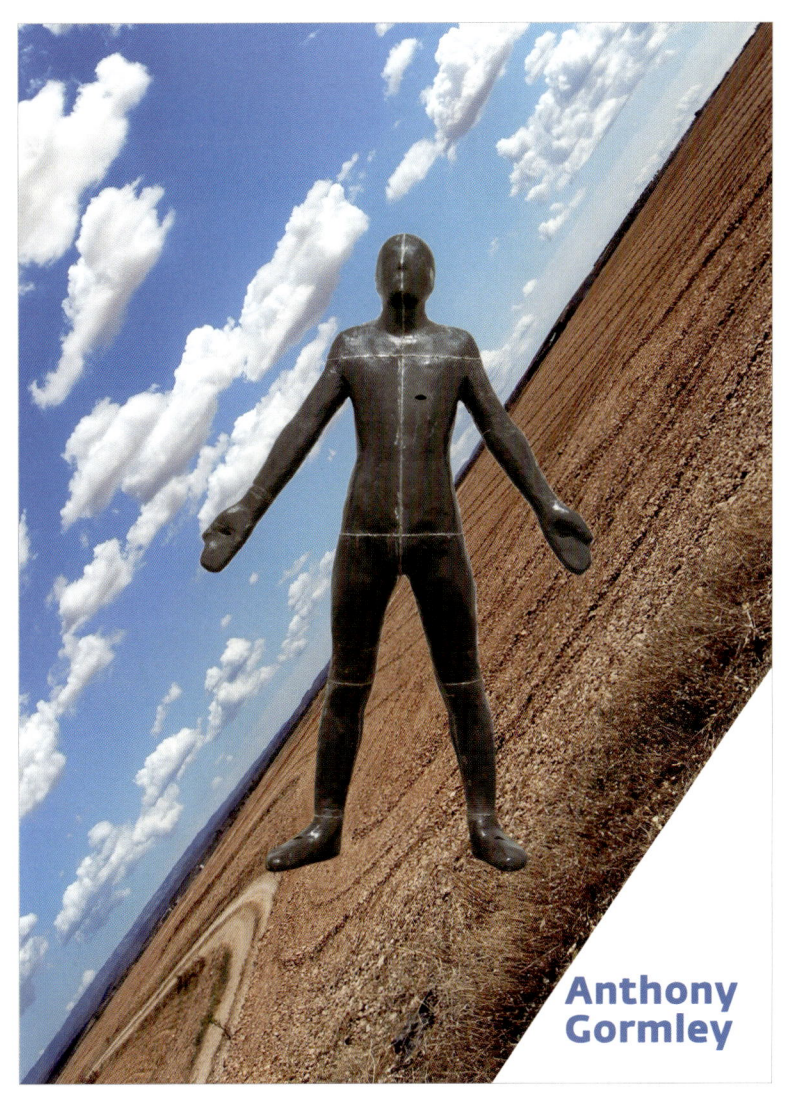

Anthony Gormley

JANG JI-WON

CHOI YUNA +

CHOI JI-WON

The Canvas Which Contains Time

흑백의 죽어가던 도시가, 색을 띠고 숨을 쉬게 되었다. 아무도 찾지 않던 곳에 수많은 사람들이 모이기 시작했고 도시는 살아났다. 구겐하임 미술관은 빈 도화지와 같다. 기존에 존재하던 것들 사이에서, 티끌 하나 없이 하얗고 강한 빛으로 사람들에게 자신의 존재를 알린다. 동시에 그 빛은 세상 어떤 것이든 담아낼 수 있는 포용력과 겸손함도 가졌다. 구겐하임 미술관을 찾아보던 중 가장 인상 깊었던 것은 도시의 밤에 방해 되지 않도록 건물 외벽에 최대한 적은 조명만을 은은하게 켜둔다는 것이었다. 덕분에 미술관은 해가 지면 자연스럽게 그 자취를 감춰 하늘을 비춘다. 도시와 하나가 되는 것이다.

빌바오의 하루는 아름답다. 도심 속 거대한 흰 도화지가 시간이 지나면서 붉게, 파랗게, 그리고 까맣게 물드는 것을 얼마든지 감상할 수 있으니 말이다. 도화지에는 그렇게 수 년의 하루들이 기록되어 왔다.

우리는 자신을 낮추고 짓밟아 끊임 없이 상처받고 잊혀지거나, 서로를 받아들이지 못해 분단하고 해를 가한다. 구겐하임은 이런 사람들의 삶의 방식에 반기를 든다. 세상에 너의 존재를 일깨워라. 하지만 너는 동시에, 눈에 띄지 않아도 옆에 있는 것만으로 위로가 되는 누군가의 "빈 도화지"가 되라

Mlle. YUN YU-RIM

반듯한 것에 익숙하다. 그 반듯함에 질식되려는 순간, 프랭크 게리는 비정형적인 건축을 통해 우리에게 해방감을 선물한다. 굽이치는 선과 뒤틀린 평면의 만남 그 자체만으로 얼마나 재미난 형태인가. 그의 작품은 반듯하지도 않고 이성적인 규칙을 따르지도 않는다. 그럼에도 그의 건축은 아름답다고 말할 수 있다. 스페인 빌바오 구겐하임 미술관은 티타늄으로 구성된 외관과 유선형의 형태로 인해 매 순간 빛에 따라 새로운 색감을 가지게 된다. 또 각기 자유롭게 휘어지며 서로 연결되는 형태는 거대한 조각적인 요소를 갖추고 있다. 때론언어가 필요치 않다고 느끼는 순간이 있다. 언어에는 한계가 존재하기 때문이다. 이러한 면에서 그의 건축은 그가 설명하고자 하는 내용보다도 더 많은 것을 자체적으로 내포하고있다. 그의 작업은 그 존재만으로도 충분하다. 작품이 가진 힘으로 인해 죽어가던 도시는활력을 되찾았으며 죽어가던 공간은 새로운 연결점으로 기능하게 되었다. 이제 빌바오에서 서울로 시선을 옮겨보자. 그렇다면 DDP는서울에서 어떤 역할을 하고있는가. 그에 대한 답은 모르겠다라고 말하고 싶다. 좋은것도 나쁜것도 아닌 이 애매한 건축물은 단지 명성 높은 건축가의 이름만을 대변해주고 있는 것으로 그 기능을 다하고 있는 것이다.

Mlle. NAM SONG

구겐하임 미술관의 형태는 물고기다. 왜 물고기인가요? 라는 질문에 프랭크 오엔 게리는 답했다. "어릴 적 할머니와 시장에서 사온 물고기와 욕조에서 놀았다. 그것이 요리되기 전까지. 그래서 물고기이다."
그저 추억을 회상하듯 답하는 그의 대답은 마치 그의 건축 언어인 '물고기'가 큰 의미를 가지는 것처럼 느껴지지 않는다. 그러나 그것은 분명 프랭크만의 표현언어이며, 침체되던 도시 빌바오에 큰 의미를 주었다. 빌바오는 철강과 선박으로 유명했던 도시였으나 신흥 산업국에게 뒤처지면서 경제 불황을 겪게 된다. 그 돌파구로 모색한 것이 바로 미술관을 짓는 것이었고, 그것은 성공했다. 구겐하임 미술관에 영구 보존되는 대표작, 리차드 세라의 '시간의 문제'의 관람에 이어지는 산책의 흐름이 사람들을 자연스럽게 유입시키면서 미술관의 성공, 그리고 도시의 성공으로 이어졌다. 그의 건축은 마치 거대한 조각품같이 보인다. 사각형의 박스를 연결하고 쌓아올리면서 만들어진 미술관의 물고기 형상은 그 기초가 평범한 건축형태인 박스를 기초로 하지만, 그것은 역동적이고, 유연해 보인다. 예술 작품 하나를 보기 위해 사람들이 모이듯, 프랭크의 작품인 구겐하임 미술관, 그 자체의 예술품을 감상하기 위해 오는 사람들이 존재할 것이다. 그는 단순히 도시에 미술관을 지은 것이 아닌, 도시라는 큰 공간 속에 건축이라는 예술을 지었다.

Mlle. PARK HA-YEONG

게리는 건축과 조각의 경계를 허문 장본인이다.

그는 건축에서도 영감을 얻을 수 있다는 믿음에서 형태를 비틀고 방향을 바꾼다. 사람들에게 아무런 느낌도 주지 못하는 죽은 건물과는 달리, 그가 만든 건축물은 어떠한 느낌을 자아낸다. 게리의 건축물이 있는 곳에서는 호기심으로 가득한 영혼들을 볼 수 있다. 사람들에게 보고, 생각하고, 창조하는 다양한 방법을 제시하며 영감을 불어넣어준다.

"건축은 모든 화가, 조각가가 직면하는 문제, 즉 구성요소의 배치, 형태, 크기, 재료, 색깔을 선택하는 '진실의 순간'을 마주한다. 건축은 예술이다. 그리고 건축예술을 실현하는 사람이 바로 건축가다."

마치 순수예술가처럼 건축을 직관으로 바라보고, 즉흥과 우연의 결과를 즐기며 작업하는 건축가. 게리는 불가능할 것처럼 보이는 도박적이고 탈구조적인 건축물을 만든다. 그리고 계속 열망하며 도전한다.

Mlle. JEONG JAE-HYUN

빌바오 효과란 건축물이 도시에 미치는 영향에 대해서 설명하는 효과이다. 철강으로 유명하던 도시는 미술관이 들어서면서 예술의 도시로 탈바꿈한다. 한해에 엄청난 관광객이 몰려오며 경제적으로도 많은 발전을 이루게 된다. 미술관에서 도보는 큰 무리없이 시내로 연결된다. 서울의 예술의 전당을 도보를 이용해 방문하는 것과 대비된다. 이는 미술관에 쉽게 방문할 수 있고 쉽게 도심으로 나아갈 수있음을 의미한다. 사람이 도심으로 나간다면 도심은 활력을 얻고 번성한다. 다양한 빛을 반사하는 빌바오 구겐하임 자체가 작품이된다. 10년전쯤 내가 살던 전주는 그저그런 하나의 도시였다. 하지만 지금 전주라고하면 모두 한옥마을을 떠올리고 비빔밥을 외친다. 고속철이 생기면서 전주까지 교통이 편리해졌고 한옥마을에대한 홍보로 엄청난 사람이 방문을 한다.

세계 3대 스포츠를 뽑으라면 하계올림픽, 월드컵, F1을 꼽는다. 그리고 영암군에 F1경기장이 생겼고 그랑프리를 유치했다. 하지만 홍보가 부족했고, 기반시설은 터무니없었다. 결국 경기는 개최되지 않고 그냥 그런 서킷중 하나가 됐다. 수천억의 예산이 투입됐지만 미흡한 준비와 계획은 결국 실패로 돌아가게된다.

'나 전주가'라고 말한다면 '한옥마을?' 이라는 대답을 듣지만 '나 영암가'라는 말을 한다면 '영암서킷에 가는구나?'라는 말을 듣기 힘들다. 이는 도시의 랜드마크를 이야기한다. 도시계획을 할때 유명한 무언가를 하나 딱 가져다 놓는 것이 아닌 우리 도시는, 우리 건축물은 어떻게 사람들에게 기억될 것 인가 에 대해서 생각해보고 이를 실현하기 위해 알맞은 계획이 동반되어야 한다.

M. SUN WOO-SOL

죽어가던 도시 빌바오를 기적처럼 살려낸 단 하나의 건축물 구겐하임 빌바오 미술관. '빌바오 효과(Bilbao effect)'라는 경제용어를만 들어낸 만큼 하나의 '신드롬'이었던 이 건축물에 담긴 힘과 가치는 무엇이었을까? 일반인이 살아가면서 보는 대부분의 건축물들은 외관적 아름다움을 지니지 못한다. 미적 가치보단 실용적 가치를 우선 순위에 두고 건물을 짓는 경우가 많기 때문이다. 그래서 사람들은 건축물을 바라볼 때 그저 '사람이 머무는 공간'으로 느끼면서 이미 익숙해진 일상의 시각을 가지고 있게 된다. 즉, 건축물도 예술성이 포함된 하나의 작품이지만 회화나 조각처럼 여기지 못하게 된다. 하지만 빌바오 구겐하임 미술관은 궁극적인 하나의 예술작품으로서 사람들에게 다가왔다. 회화와 조각으로 줄 수 없는 시각적인 규모(Scale)의 압도감과 모든 형상이 다른 입체감, 마치 황금을 바른 듯한 엄청난 빛의 색채, 그것을 가능케 한 CATIA 등은 회화의 창조성과 조각의 입체성, 현대의 과학 기술이 결합된 진정한 현대 예술로 창조된 것이었다. 이는 평범한 건물, 빌딩에 익숙해져 있던 일반인들에게 새로운 예술 작품으로서 인식 되었다.

또한 빌바오의 지리적 위치를 들 수 있다. 프랭크 게리가 LA에 지었던 '월트 디즈니 콘서트 홀' 또한 구겐하임 빌바오 미술관과 비슷한 외관을 가지고 있다. 하지만 구겐하임 빌바오 미술관만큼의 파급력을 지니지 못했던 것은 주변과 쉽게 동화되었기 때문이다. LA라는 대도시에서 현대적인 빌딩 숲 안에 존재해 주변의 모습과 쉽게 동화된 디즈니 홀과, 높이가 낮은 전통적 유럽식 건물과 환경에 둘러싸여 현대적 아름다움을 내뿜는 빌바오 구겐하임 미술관의 존재감은 다를 수 밖에 없었다. 마지막으로 상징성이다. 이 미술관은 산업의 쇠퇴로 시들어가던 도시에 나타났던 '구세주'같은 상징성을 지니고 있었다. 이 건물로 도시를 부흥시키겠다는 간절함, 그 간절함 속에 나타났던 이 미술관은 사람들에 마음을 움직이는 '스토리'를 또한 갖게 되었다. 수많은 사람들이 루브르 박물관에 있는 레오나르도 다빈치의 '모나리자'를 '보았다'는 것에 의미를 두고 루브르 박물관을 찾는 것처럼 구겐하임 빌바오 미술관 또한 이제는 빌바오를 상징하는 건축물로서 마치 '모나리자'와 같은 효과, '빌바오 효과'를 줘 사람들의 발길을 끌게 했다. 즉, 이러한 여러 조건들이 결합해 구겐하임 빌바오 미술관은 스토리를 지니고 있는 하나의 독립된 예술작품으로 존재하게 된 것이다.

M. LEE HUN-SOO

수많은 색은 각각 상징하는 바가 다르다. 빨강은 분노와 열정, 노랑은 희망과 유쾌함, 초록은 안식과 평화 등. 철강 산업 도시 빌바오는 철의 색, 즉 회색을 띄었다. 낡고 버려진 고철더미와 생산 설비 속에서 사람들은 회색만을 발견할 수 있었다. 결국 우울함과 무기력함을 상징하는 회색이 개개인의 비슷한 기억 속에서 도시의 상징적인 색으로 규정된다. 이 경우 색은 시각적인 효과만을 제공하는 일차원적인 역할에서 벗어나 적극적으로 장소의 분위기와 정체성을 형성한다. 빌바오가 '회색으로 표현되는 장소'라는 이유 하나만으로 시민들은 생기를 잃고, 도시의 모든 활동은 침체된다.

Frank Owen Gehry는 회색의 도시 빌바오를 다른 색으로 덧칠한다. 티타늄을 사용하고, 그 형태에 적극적으로 곡선을 반영한 빌바오 구겐하임 미술관은 기존에 도시에 없던 색을 사람들에게 보여준다. 구겐하임 미술관을 계속 관찰하다보면 해의 위치에 따라 건물의 색이 다채롭게 나타난다. 매순간 빛의 변화에 따라 새로운 색감을 얻어낼 수 있다. 그 결과 시민들에게 더 이상 빌바오는 '회색'으로 규정되는 공간이 아니게 되었다. 사람들의 기억이, 색이 변하기 시작한다. 결국 도시 전체는 이전과는 전혀 다른, 문화 예술도시로서의 아름다운 색을 띄게 된다.

결국 장소는 개개인이 그곳을 어떠한 형태로, 특히 어떠한 '색'으로 규정하느냐에 따라 완전히 달라진다. 우리는 모두 손에 페인트 붓을 하나씩 가지고 있는 셈이다. 그 붓에 자신이 가장 잘 떠오르는 색을 묻혀 장소에 바른다. 그리고 장소는 그렇게 칠해진 '색'에 의해 규정된다.

다만, 그 붓을 칠하는 것은 우리지만 붓에 어떤 색의 페인트를 묻일 것인지 결정하는 것은 건축이다. 결국 개인과 건축은 상호보완적인 관계를 가지고 있는 것이다. 빌바오 구겐하임 미술관이라는 건축물이 회색 밖에 모르던 수많은 시민들에게 또 다른 선택지를 제공했다면, 그것의 도움을 받아 빌바오라는 도시 전체를 활기찬 생명의 색으로 물들이는 것은 그들 자신의 역할이다.

M. CHUN DO-HOON

공간은 그 규모나 개방 여부에 관계없이 사람을 사유하게 한다. 사람들이 그 안에서 고민하고 결과를 얻음으로 공간은 유지되고 발전한다. 그러므로 머물 수 없는 공간은 통로에 지나지 않는다. 반해 잘 만들어진 공간은 그 자체로 체험자의 자연스러운 참여를 유도하고 상상력을 촉진한다. 그리고 그것이 가져올 변화를 수용하고 그와 공생할 수 있는 능력을 갖추고 있다. 사람들이 자발적으로 춤출 수 있는 장소에서 비로소 상생은 시작된다. 그제서야 공간은 기억의 매개이자 경험의 발판으로 발돋움한다. 나아가 그를 포함한 공간 밖으로까지 그 영향력을 확장한다.

사유하도록 강제하기 위해 사람들을 가두는 것이 아니라 사람들을 불러들이는 것이기 때문에, 이러한 건축은 비효율에 가깝다. 그러나 체험자를 끌어들일만한 매력적인 언어를 가지고 있음은 확실하다. 요동치는 지느러미를 가진, 거슬러 오르듯 하늘을 헤엄치는 물고기의 언어로 게리는 자신의 조각적 건축을 완성했다. 티타늄 물고기 조각은 죽어가던 도시를 유영하며 생명력을 부여했다. 자연스러운 체험과 사유를 가능케 했다. 데카르트적 관점에서 존재함으로, 다시 말해 사유로 존재함으로, 프랑크 게리의 빌바오 구겐하임 미술관은 자신을 넘어선 하나의 EFFECT로 발전하는데 성공했다.

M. HAN GYUL

프랑크 게리의 '빌바오 구겐하임 미술관'은 쇠락해가던 빌바오에 새로운 생명을 불어넣었다. 철강 산업 도시였던 빌바오는 문화의 도시로 새롭게 탈바꿈했고, 이를 보며 건축의 힘에 대해 감탄하게 만든다. 잘 만든 건축이 도시 자체를 바꾸어나가는 모습을 통해서 건축이 도시의 이야기를 만드는데 큰 역할을 하고, 신중하게 지어져야 한다는 것을 다시금 깨닫게 된다. 건축의 힘에 대한 깨달음은 동시에 사람의 힘에 대한 놀라움으로 이어진다. 건축물을 경험하기 위해 단순히 사람들이 모일뿐인데도 그 힘은 도시의 이미지를 바꿔놓는 것이다. 한 곳으로 몰려든 사람들은 활력을 만들어내고, 그 활력은 도시 전체로 퍼져나간다. 이는 사람들의 움직임을 고려한 도시의 설계가 필요하다는 얀겔의 말을 떠올리게 한다. 도시를 살리고 죽이는 것은 결국 그 도시 안의 사람들인 것이다.

그렇기에 건축은 건물이 다 지어졌을 때 완성되는 것이 아니라 사람들에 의해 사용될 때 비로소 완성되는 것이라 할 수 있다. 건축가들은 각자의 건축 언어를 통해 사람들에게 자신의 철학을 보여주지만, 그들이 말하고자 하는 것은 결국 동일하다. 건축을 이용해 줄 것. 사람들이 건축 안에서 장소의 색을 만들어 물들여주기를 바라는 것이다. 사람이 존재하지 않는 건축은 어떤 색도 가지지 못하는 스케치에 불과하다. 그 위를 색으로 칠하는 것은 전적으로 건축을 이용하는 사람들에게 달려있고, 결국 건축은 건축가와 이용자들을 소통하게 하는 통로가 된다. 프랑크 게리가 그려낸 빌바오 구겐하임 미술관이라는 스케치는 사람들에 의해 채색되었고, 완성된 이 커다란 작품은 어느새 도시 전체를 다른 색으로 물들이고 있다.

M. HYUN SEUNG-DON

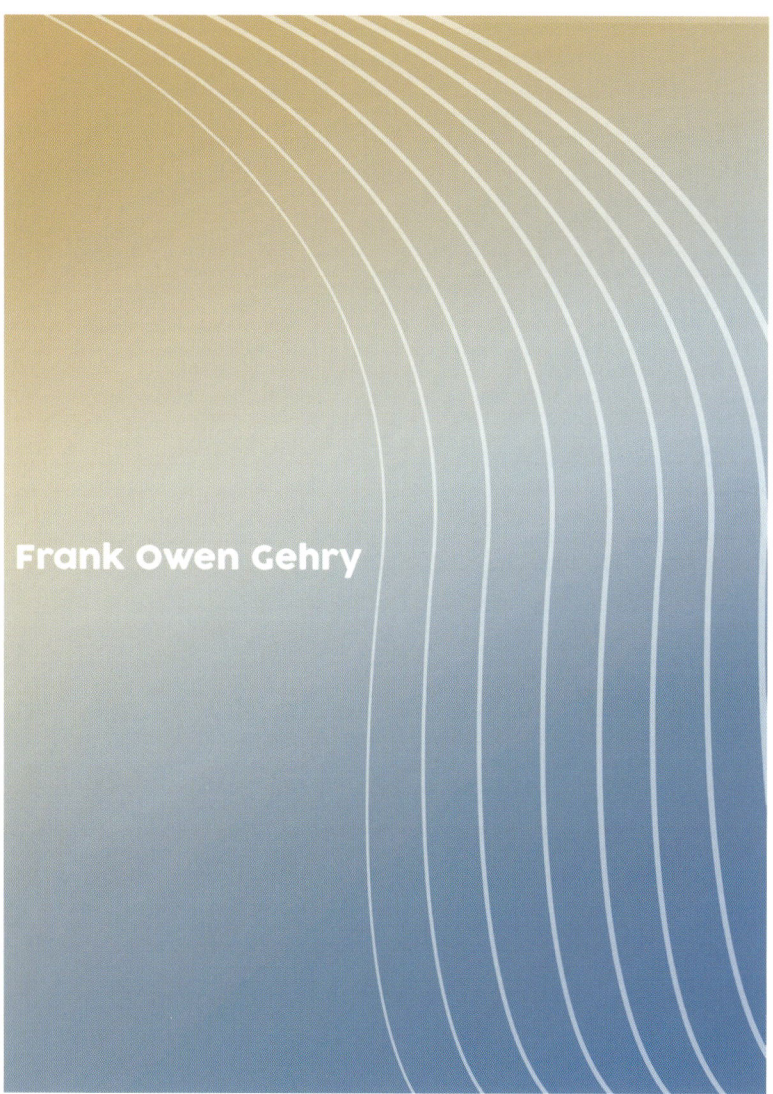

KIM HYE-WON

CHOI JI-WON +

David Lachapelle

Art Depends On The People Who Watch It

도발적이고 관능적이며 성적인 은유로 점철된 오브제들은 하나의 이미지로 엮어 진다. 그럼에도 불구하고 데이비드 라샤펠의 작업은 저급한 외설이 아닌 하나의 시각 예술로서 보는 이의 시각을 유혹한다. 수많은 자극이 넘쳐나는 현대의 삶 속에서 인간은 어느 정도의 자극에 길들여져 왔다. 이 때문에 지루한 것은 견디지 못하며 또 지나친 자극에는 기겁하며 뒤로 물러선다. 하지만 그는 우리의 시각을 그리고 집중을 사로잡을 정도의 적절한 자극을 이용한다. 화려한 색감과 성적인 오브제의 배치를 통해 관객에게 흥미를 유발시키며 작품에 집중하게 하는 것이다. 그는 작업에서 탁월하게 유혹의 기술을 사용하는데 보는 이는 이미지에 매혹되어 그것을 바라보다 마침내 그가 전달하려고 하는 사회적 메시지를 마주하게 된다. 화려한 성적인 모티프 속에 녹아있는 사회적 담론은 보는 이에게 신선한 충격을 주며 강렬하게 뇌리에 박힌다. 감각의 자극만을 목적으로 하는 외설과 그것을 넘어선 메시지를 담고 있는 예술에는 명백한 차이가 존재한다. 예술은 감각의 자극 자체를 목적이 아닌 수단으로 이용한다. 이처럼 그는 작품을 통해 설교하진 않는다. 다만 외설이 아닌 예술로 우리를 유혹할 뿐이다.

Mlle. NAM SONG

인간의 3대 욕구라고 하면 성욕, 식욕, 수면 이라고 말한다. 그 만큼 사람들에게 크게 다가오는 요소인 것 이다. 실제로 여러 마케팅의 도구를 살펴보면 성욕을 자극하는 작품들이 많다. 그럼 이 성욕을 자극하는 작품들이 외설인지 예술인지는 어떻게 구분할까? 예술이란 시대의 흐름에 맞춰 시대의 메시지를 담고 있느냐로 결정된다. 아무 내용 없이 그저 성적인 욕구만 자극한다면 그것은 외설이 된다. 이 말은 일단 작품을 보고 이 작품이 외설인지 예술인지 검증하는 단계가 필요하다는 뜻으로도 해석된다.

데이비드 라샤펠은 이런 상징적인 오브제를 이용해 사진을 촬영하는 작가이다. 소위 '야한' 오브제를 사용해 메시지를 전달한다. 그 작품을 처음 볼 땐 얼굴이 붉어질 수 있지만 그 메세지를 이해하고 나면 와! 하는 감탄이 나온다. 여러 마케팅용 사진 작품도 있는데 인간의 욕구를 자극하는 만큼 관심도 많이 받을 수 있고 메시지도 전달 할 수 있는 가장 좋은 방법 이라고도 생각 할 수 있다. 하지만 2018년의 대한민국이라면 이런 작품이 예술로 받아들여질까? 라는 의문이 생겼다. 예술과 외설을 구분 짓게 되기 위해선 해석의 절차가 필요하다. 하지만 해석조차 이루어지기 힘들 수 있다는 생각이 들었다. 관련 수업을 들을 때 교수님께 질문했던 기억이 있다. "야한 농담이 저는 괜찮아요. 안 하면 되지만 이런 것을 좋아하는 사람들이 있어요. 근데 성별에 따라서 농담이 받아들여지는게 달라서 고민입니다." 교수님께서는 '누군가는 불편해 할 수 있고 안 한다고 큰 문제가 생기지 않으니 안 하는게 맞다'라고 말씀해 주셨다. 성적인 문제로 사회가 떠들썩 하다. 예술이라는 이름 아래에서 예술 아닌 예술들이 많은 사람에게 상처를 주는 일이 빈번히 일어난다. 사회 전체적인 문제일 수 있고 개개인의 문제일 수 있다. 누구의 잘잘못을 따지기 전에 누군가에겐 이런 내용이 상처로 받아들여질 수 있다는 것이다. 애초에 이런 작품이 만들어진 계기가 이런 분야에 대해 좀더 성숙하지 못했기 때문이라고 생각한다. 불과 몇 년 전만 하더라도 담배회사의 광고는 어디서나 쉽게 볼 수 있었다. 사람들이 많이 찾는 스포츠 경기에는 담배 회사의 광고판이 커다랗게 붙어있었다. 하지만 요즘은 담배곽에 혐오스러운 그림과 경고문구가 점점 커지고 있다. 그만큼 성숙해 가는 과정에서 전에는 당연하게 생각했던 것들이 하나둘 고쳐져 나가는 과정인 것 이다. 이 전까지의 이런 장르의 작품은 예술로서 인정을 받았다. 하지만 앞으로는 우리가 다 같이 성장해 나아가는 과정에서 꼭 필요하지 않다면 지양해야 할 필요가 있다고 생각한다.

M. SUN WOO-SOL

데이비드 라샤펠의 작품들을 보다 보면 눈을 자극하는 색채들이 대비적으로 구성되어 있는 것을 확인할 수 있다. 그러나 과연 우리를 자극하는 것이 화려한 색채 뿐일까. 색채의 화려함과 더불어 선정적이다 못해 저속하게까지 느껴지는 여성들의 나체들은 남성들의 지배욕과 욕망을 자극한다. 클레멘트 그린버그가 역설한 예술 문화 현상으로써의 아방가르드적인 것과 키치적인 것은 이분법적으로 나뉘어져 왔다. 일반적인 생각에서 아방가르드가 예술의 과정을 모방한다면 키치는 예술의 결과를 모방한다. 전위의 존재에 따라 후위의 존재도 당연시되는 현대 문화의 사고에서처럼 아방가르드를 전위적인, 키치를 후위적인 것으로만 이해할 수 있을까. 고급스럽고 경외시 되는 것을 피하고자 했지만 그것들에 잡아먹힌 아방가르드적 문화들이 아닌 사회의 병폐 현상들이나 팝아트와 같이 대량 생산, 소비되는 원색적인 키치적 문화들은 더 이상 예술의 언더독으로 자리하지 않는다. 전위를 외치나 전통에 머물러있는 아방가르드를 뛰어넘어 키치는 우리의 사회가 가지고 있는 진짜 문제들과 결합해 메세지의 주체로 움직이고 있다. 라샤펠의 작품은 보이지 않는 순간에 사회의 메세지를 담아 우리의 시선을 유도하고 이를 통해 관습적인 사회의 움직임을 불러일으키고 있다. '문화'의 정의를 규정하는 아방가르드적 예술가들이 거대 자본주의를 바탕으로 보이지 않는 곳에서 움직이는 키치적인 것들에 의해 자신들의 작업을 수정하고 있고 이를 통해 우리는 전위적인 가면을 쓴 키치의 영향을 받고 살아가기까지 하고 있다. 라샤펠의 키치는 더 이상 아방가르드와 대칭을 이루는 문화적 구조가 아닌 아방가르드를 집어삼키는 하나의 주류로 존재하고 있다.

M. JUNG JI-WON

성욕은 인간의 3대 욕구 중 가장 본질적이고 통제가 어려운 강렬한 본능이다. 무성욕증이라는 단어가 있을만큼, 나아가 그것(무성욕증)이 흔하게 사용되는 단어가 아닌만큼 보편적인 경향이다. 비언어적이라는 점에서 더욱 범세계적이다. 압도적으로 상위 범주의 욕구이기 때문에 포괄적이다. 다시 말해 여러 요소나 상황, 매체 등에서 성욕의 메타포를 쉽게 느낄 수 있다. 이때 은유를 인지하고 해석하는 것은 자의적일 수도, 유도된 것일 수도 있다.
성욕은 의도된 상징으로 표현되는 경우가 많다. 사람들이 그것의 만연함과 강렬함을 숨기기 위해 애써왔기 때문이다. 이 경우 탐욕은 알레고리적으로 표현된다고 할 수 있다. 원관념과 보조관념이 의도적으로 한 쌍을 이룬다. 이를테면 체리는 여성의 성기를 의미하고 바나나는 남성의 성기를 의미한다. 상징은 다소 뚜렷한 목적으로 사용되며 이를 통해 창작자는 노골적인 목표를 드러낸다.
이러한 맥락에서 데이비드 라샤펠의 작품을 이해할 수 있다. 성적 알레고리를 배치해 메세지를 표현하고 대상에 극에 치달은 이미지를 부여한다. 성욕은 그 자체로 정력적이지만, 아이러니하게도 만연하기 때문에 기준이나 경계로 기능할 수 있다. 라샤펠은 그것을 이용해 전에 없던 탐욕과 갈망을 표현해낸다. 더불어 화려한 색대비를 사용해 관찰자의 시선을 '가둠'으로 사람의 본능에 이미지를 각인시킨다

M. HAN GYUL

데이비드 라샤펠의 작품은 키치하고 화려한 색채, 이미지를 통해 마약 중독, 성 상품화, 물질만능주의 등에 대한 사회 비판적 메세지를 담고 있다.

하지만 메세지를 보여주는 방식이 너무 자극적이라고 느껴진다. 자극적인 이미지 뒤에, 그가 말하려는 현실 속 문제를 우리가 과연 똑바로 자각하고 지적할 수 있을까? "마음의 문을 열고 눈을 뜨세요. 그러면 보지 못한 것들이 보입니다." 그의 말처럼 그의 의도를 알고 문제점을 깨닫기 까지 우리는 사진 속 숨겨둔 의미들을 하나하나 들여다 봐야한다. 하지만 그러기에 사진이 지극히 자극적이라는 것이다. 음식을 예로 들자면, 사람들은 대부분 첫 맛에 자극적인(달고, 짜고, 매운) 음식에 끌린다. 그렇지만 계속해서 혀를 자극하는 맛에 정신을 못 차리다 결국 쉽게 질려버린다. 그 맛을 싫어하는 이들은 다시 맛보고 싶지 않아하고 결국 회피하게 된다. 이처럼 우리는 일차적으로 시각적 요소들에 현혹된다. 벗은 몸에만 먼저 시선이 간다. 그 '자극'적인 것들 틈에서 우리는 '자각'해야 한다는 것이다.

이런 자극성이 관람자들에게 엄청난 호기심을 유발하는 것은 사실이다. 이 호기심을 더 깊이 파고들어 그 너머의 의미를 알기엔 너무나 자극적이어서 오히려 파악하지 못하고 반감이 생기거나 외면해 버릴 수도 있다는 생각이 든다. 그의 철학과 사회적 메세지를 조금 더 삼삼하게 표현했으면 어땠을까?

Mlle. JOE SOO-YUN

사진이 예술인지 아닌지에 대한 오랜 논쟁이 있어왔다. 기술적 복제시대에서 회화를 대신하여 현실을 재현하는 도구 이상의 것이 아니라 여겨질 때가 있었다. Lachapelle은 사진이 하나의 예술로서의 가 치가 있다는 것을 어떤 언어보다 강한 한 컷의 스틸로서 증명한다. 사진은 기존 예술의 단일성, 유한 성을 넘어 다양한 수용방식을 가능하게 한다. Lachapelle은 영원히 존재하는 가치를 찾아내서 영원한 사진 속에 가둔다. Walter Benjamin이 '아우라가 제거된' 사진에 주목했다면 David Lachapelle은 사진이 그 자체로서 아우라를 갖게 한다. 사진은 거짓말을 하지 않는다. 하지만 Lachapelle은 말한다. 내 사진은 거짓말을 한다고. 그의 사진 속 인물들의 표정은 픽션처럼 철저하게 연출되었고 아이러니를 통해 진리에 대해 역설한다. 俗이 둘러싼 Last Supper 속 식탁은 블랙코미디를 연상케 한다.

Mlle. CHOI YUNA

시선을 유도하는 가장 기본적인 방식 '자극'. 데이비드 라샤펠은 사람들의 가장 원초적인 것을 자극해 자신의 뜻을 전달한다. 그는 색으로, 오브제로 사람들의 시각을 자극하여 시선을 유도한다. 그의 작품을 보고 나는 아름답다고 느끼지는 못했다. 그것이 너무 성적이여서라기 보다는 그가 다루는 주제가 아름다운 것이 아니기 때문이다. 그는 성 상품화, 물질 만능주의. 소비중심주의 등 사회의 문제를 비판한다. 그의 작품은 상징적인 색들과 오브제를 통한 간접적인 방식과 누드라는 성적인 소재를 통해 소비 중심주의, 물질 만능주의 등 주제 자체를 직접적으로 표현한다. 그래서 그의 작품이 '아름답다'와 같은 긍정적인 자극을 주지 않는다. 그는 '흥분'을 목적으로 하는 자극이 아닌 '비판'을 목적으로 뜻을 가지고 자극한다. 그렇기에 그의 작품을 보고 부끄러움을 혹은 불편함을 느낀다면,
그것은 그저 성적인 작품사진에 대한 감정이 아닌, 작가가 비판하는 '사회'에 대한 부끄러움과 불편함이 될 것이다. 그 때문에 데이비드 라샤펠의 작품은 외설이 아닌 예술이 된다.

Mlle. PARK HA-YEONG

내가 해외에서 살면서 가장 충격을 받았던 부분 중 하나는 우리나라와는 전혀 다른 성교육 방식이었다. 그곳에서는 13살 아이들에게 나무막대기에 콘돔을 씌우는 실습을 시키고, 중학교 교과과정에 남성과 여성의 성기를 외워서 그리게 한다. 반면 우리나라의 성교육은 어떤가. 성에 대한 많은 것들이 부끄럽고 외설스러운 것으로 여겨져 아기는 어떻게 태어나는 것이냐는 아이들의 질문에 제대로 대답해주지도 못한다. 어른들은 sex에 대한 노골적인 표현이 정신적으로 미성숙한 아이들에게 악영향을 미칠 것이라고 걱정하며 형식적인 시간 채우기 교육을 하고 있을 뿐이다. 그 결과 올바른 피임 방법이나 성 인식을 배우지 못한 아이들은 한 순간의 선택으로 인생을 망치는 경우가 많다.
하지만 한국인의 말따마나 외국에서 행하는 소위 '노골적인' 성교육이 결코 아이들에게 해로운 것일 수는 없다. 그 이유는 성교육의 '목적'이 아이들을 위한, 숭고한 것이기 때문이다. David Lachapelle의 예술과 같다. 그의 예술이 아무리 야하고 선정적인 요소들을 사용하더라도, 강렬한 색채와 노골적인 표현을 활용하더라도, 거기에는 작가만의 숭고한 '목적'이 존재한다. 선정적인 요소들은 단지 그 목적을 가장 잘 달성할 수 있는 '수단'으로써 활용되고 있을 뿐이다. 야함 자체가 목적이 될 경우 그것은 외설이지만, 그것이 숭고한 목적을 효율적으로 달성하기 위한 수단으로서 존재한다면 그것은 예술이다.
홍익대학교 누드 몰래카메라 사건이 터졌을 때, 관련 기사에서 이러한 댓글을 본적이 있다. "우리가 의사 앞에서, 화가 앞에서 아무 부끄러움 없이 옷을 벗을 수 있는 이유는 그들의 직업적 윤리의식을 신뢰하기 때문이다." 예술가로서 David Lachapelle의 긍지와 신념을 존중하기에 수많은 모델들이 야한 차림을 하고 그의 앞에 설 수 있다.
벗었지만 벗은 게 중요한 게 아니다. 정액, 섹스, 아름다운 여성의 나체가 중요한 게 아니다. 성기를 그리게 하고 콘돔을 씌워보게 하는 것이 중요한 게 아니다. 그러한 표면적 행위 이면에 내포된 진정한 의미나 목적을 파악할 수 있을 때, 대상에 대한 피상적이고 불완전한 인식과 형식적인 제약에서 벗어나 새롭게 많은 것을 이해할 수 있게 된다.

M. CHUN DO-HOON

재작년 겨울, 유명한 사진 몇 장 알고 있던 어떤 작가의 전시를 보러 갔다. 전시를 다 보고 난 뒤 속이 거북해서 밥을 잘 먹지 못했다. 눈이 아프고 기분이 나쁘면서도 쉽게 머릿속에서 잊혀지지 않았기 때문이다. 모든 작업들이 관람자를 향해 강하게 소리지르는 시끄러운 전시, 라샤펠의 전시였다. 전시를 본 다음 날, 그 다음 날까지 거의 일주일 이상을 그의 사진에 시달렸다.

이것이 그가 원하는 것이다.
그의 작품 의도는 바로 내가 느꼈던 그 "불편함"에 있다.

우리는 세상이 가진 고질적인 문제들을 잘 알고있고, 비판한다. 하지만 결국 그 세상을 그대로 이어가고 있는 것 또한 누구인가? 화면 너머의 사람처럼 되고 싶어 자신을 잃고, 나보다 남을 위한 소비를 하고... 라샤펠은 이렇게 자신을 인지하지 못하고 살아가는 우리에게 아주 강렬하게 메시지를 던진다.
그는 '환상'을 찍는다고 말하지만, 그의 작업은 그 어떤 것보다 근본적인 이야기를 담고 있으며, 현실적이다. 이제는 웬만한 자극에도 요동치지 않을 만큼 무뎌진 우리에게, '자극'을 넘어 '불편함'으로 다가오는 그의 발걸음은 그 어떤 것보다 과감하고 멋진 움직임이 아닐까.

Mlle. YUN YU-RIM

데이비드 라샤펠은 인간의 욕망에 대해 이야기한다. 사람들을 자극하는 외설적인 소재를 사용하지만 그가 하고자 하는 것은 외설을 보여주는 데에 그치지 않는다. 외설은 소재에 불과하고, 그는 이를 통해 인간의 욕망에 대한 풍자를 하고자 한다. 그의 소재들은 자극적이어서 대중들에게 쉽게 다가가고, 그 내용은 쉽게 유추할 수 있다. 대중을 향하는 그의 작품은 색과 이미지를 이용한 대중예술의 한 종류라고 할 수 있다.

욕망을 자극하는 그의 작품을 보다보면 우리나라의 수많은 아이돌들을 생각하게 된다. 아이돌은 사람들이 바라는 외적인 욕망의 집합체이다. 그들을 활동하게 만드는 것은 노래 실력이 아니라 아름다운 얼굴과 몸이다. 그들이 노래를 부르며 표현하는 자극적인 움직임은 대중의 외적, 성적 욕망을 자극시킨다. 그들의 활동 대상이 대중들이라는 점에서 그들 또한 대중예술을 한다고 볼 수 있을까? 나는 아니라고 생각한다.

아이돌은 한 컷의 사진을 대중들에게 판매한다. 그 사진 안에는 그들의 아름다운 외모가 담겨있다. 팬들은 그들의 외모를 산다. 그들의 모습이 담긴 한 컷의 사진 안에서 가장 중요한 것은 아름다움이고, 그밖에 다른 가치는 들어있지 않다. 자신이 하고자 하는 어떤 이야기가 아니라, 타인이 원하는 이미지를 보여줄 뿐인 그들을 예술가라 부를 수는 없다. 아름다움을 파는 그들에게는 외모가 일순위이고, 다른 것들이 들어갈 공간이 없다.

그렇기에 세월이 흐르며 외적으로 변한 아이돌은 또 다른 젊고 아름다운 아이돌로 쉽게 대체되곤 한다. 아름다움은 사람들이 그들을 찾도록 만들었지만, 동시에 그들을 잊히게 만든다. 그들이 대중에게 파는 한 장의 사진은 시간이 흐름에 따라 쉽게 빛이 바랜다. 이와 달리 라샤펠의 사진은 쉽게 빛이 바랠 것 같지 않다. 그가 우리에게 내미는 사진은 단순한 한 장의 사진이 아니기 때문이다. 그 속에는 쉽게 변하는 어떤 것이 아닌, 단단하게 고정된 그의 철학이 담겨있다. 그가 찍은 사진의 빛이 바래도 그 속에 담긴 철학은 여전히 선명할 것이다.

M. HYUN SEUNG-DON

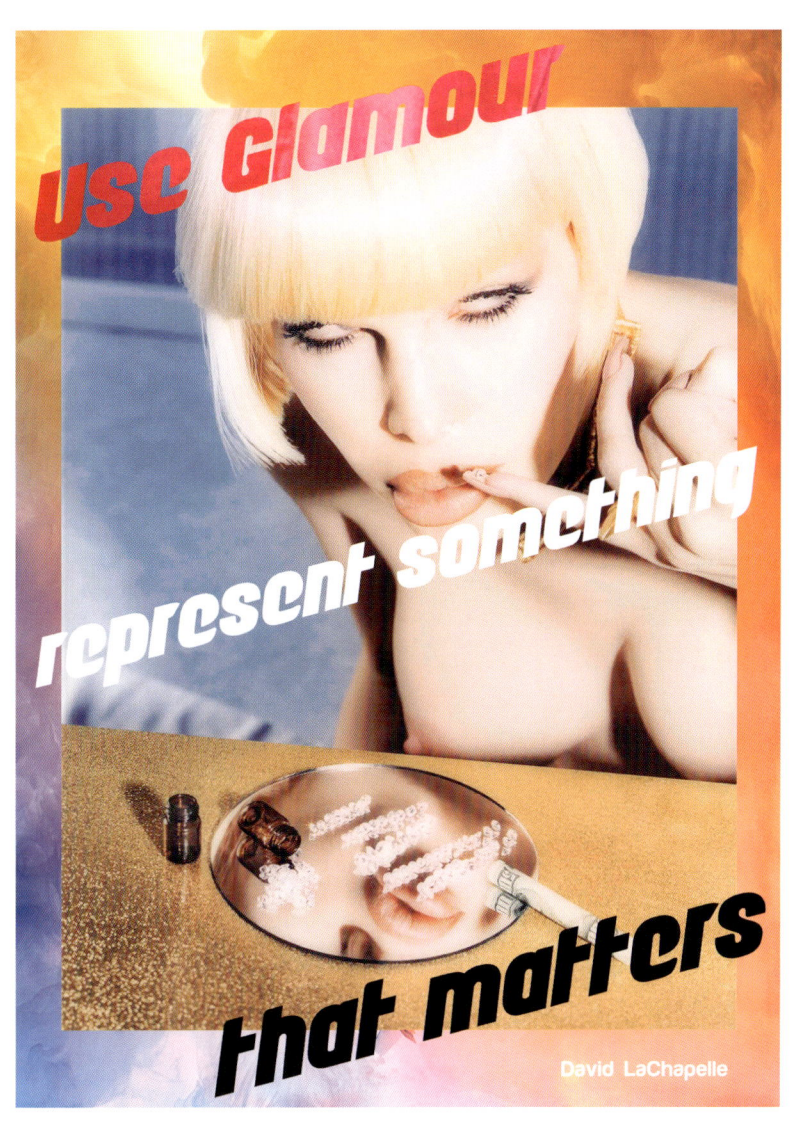

KIM HYE-JI

LIM JI-HYUN

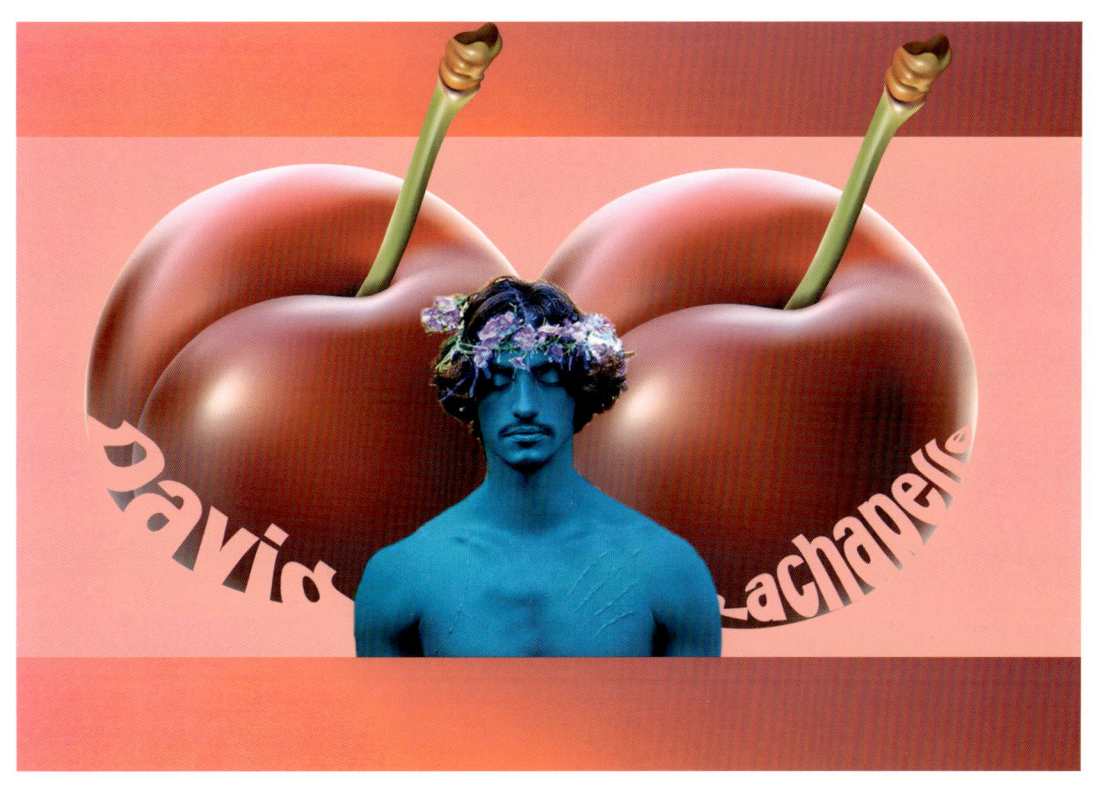

LEE EUN-YOUNG

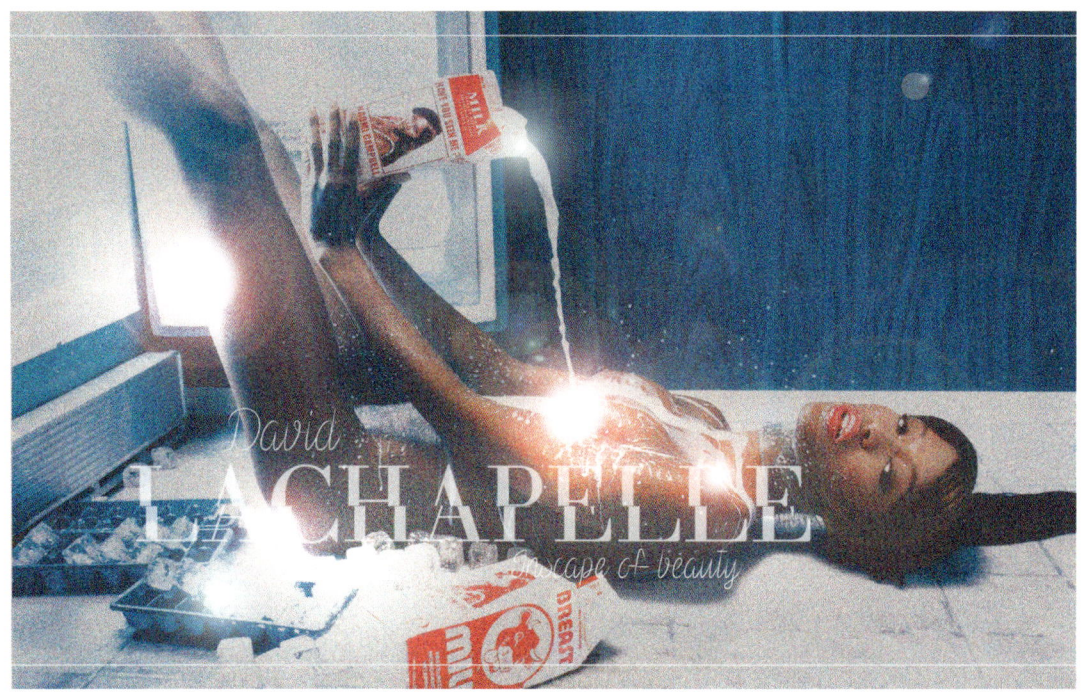

TAE YU-JIN

KIM HYO-JEONG +

Pina Bausch

Love, Struggle, Longing, Despair, Reunion

[EVERYTHING COMES FROM THE HEART MUST BE LIVED]

PINA BAUSCH의 무대를 보는 동안 말로는 표현할 수 없는 어떤 울컥함이 치밀었다. 내가 느끼는 감정은 무엇인가? 말로는 표현할 수 없었다. 그녀에게 묻고 싶었다.

그녀는 답을 제시하지 않았다. '당신이 느끼는 것 그대로다'라는 대답만이 돌아왔다. 그녀는 '어떻게 움직이는가 보다는 무엇이 그들을 움직이게 하는가'에 더 흥미를 느낀다고 했다. 아마도 그녀는 한 사람, 한 사람의 내면의 모습을 끌어내 본인조차 의식하지 못한 그만의 감정을 해석해서 표현하게 했으리라 생각한다.

어떤 말이나 언어로서는 표현할 수 없는 그들의 몸짓은 나에게 다가와 나를 두드린다. 그들의 마음 저 깊고 깊은 곳에서부터 나온 몸짓이 나를 돌아보게 한다.

그들의 몸짓이, 그들의 마음이 나에게 와 닿았다

Mlle. KWON HA-YOUNG

언어학적 관점에서, 언어는 기표(記標, Signifiant)와 기의(記意, Signifié)의 자의적 관계로 구성된다. 소리는 수용자로 하여금 어떠한 관념을 떠올리게 한다. 사람들은 각자 다른 가치를 지니고 있기 때문에 같은 지시물(référent)을 지칭한다고 하더라도 수용자의 signifié는 서로 상이할 수 있다. 사람들은 자신의 관점과 경험으로 기표를 이해한다. 언어가 가지고 있는 한계이기도 하다.

또한 언어는 이성의 영역이기 때문에, 감성을 표현하기에 부족하다. 소리도 못 지를만큼 슬픈 상황에 몸은 꼬여도 말은 할 수 없다. 언어는 이성의 도구에 지나지 않는다. 감정은 언어보다 훨씬 미묘하고 다양하며 만연하다. 본질적이고 강렬하며 활달하지만 지저(地底)에 있다. 그러므로 감정 표현은 효율과는 거리가 멀다. 자의성을 뛰어넘기 위해, 가능한 한 비경제적인 방법으로 시간을 들여 노출해야 한다.

피나 바우쉬는 그 방법으로 춤을 제시한다. 본질을 담고 있는 그릇 자체를 움직여 내면을 내보인다. 극단적으로 투명한 본질과 마주하기위해 거칠게 숨을 몰아쉬며 도구에 지나지 않는 것처럼 몸을 내던지고 꼬고 비튼다. 이때 본질은 표현자의 것에 그치지 않는 보편적 갈망이다. 끊임없이 바라며 나아가 시간을 들여 목마름의 뿌리를 찾는다. 그를 통해 인간이기에 공유하는 본성을 référent로 적시한다.

M. HAN GYUL

질식 . 언어 . 사람들 . 이해 . 정확함 . 표현 . 완벽 . 벽 .
예술 . 깊이 . 인간 . 실존 . 감정 . 표현 . 무한함 . 신체적 언어 . 소통 .
신체성 . 괴로움 또는 고독 . 내면 . 개인 . 부재 . 숨 . 행위 . 감각 . 느낌 . 분위기 . 카페와 빈의자 .
무대 . 무용수 . 노래 . 대사 . 어둠과 빛 . 각성 . 의식 . 광기 .
담배 . 커피 . 와인 . 암 . 5일 .
피나 바우쉬 "당신이 느끼는 것 그대로다."

Mlle. NAM SONG

누군가는 붓으로, 다른 누군가는 멜로디로 자신의 언어를 구축하여 표현한다면, 피나 바우쉬는 춤으로 자신의 감정을 나타낸다. 그녀는 무대 위에서 춤과 오브제, 음악 등 여러 경계를 아우르며 그녀만의 언어를 만든다. 그것이 바로 피나 바우쉬가 만든 새로운 장르 '탄츠테아터'이다. [봄의 제전]은 바닥에 깔린 흙이 무용수들의 몸에 묻어 그들의 몸이 흙 색으로 변하게 한다. 흙이라는 오브제와 색은 '동안'이라는 시간성을 보여준다. 또한 붉은 드레스라는 오브제를 사용하며 관객의 시선을 끌고 그것의 의미를 궁금하게 만든다. 그리고 극의 진행에 따라 나는 그것이 여자의 '순결'을 상징한다고 생각했다. 이처럼 그녀는 무대라는 공간에서 나타나는 동안의 색과 오브제를 연출하여 관객의 시선을 이끈다. 또 다른 작품인 [카페 뮐러]는 춤이 감정의 집합체이자 표현 수단임을 강하게 느낄 수 있다. 카페라는 공간에 여러 사람들이 드나들 듯 여러 무용수들이 자신만의 이야기와 감정을 표현하는 듯하다. 그리고 그러한 춤은 음악과 공간과 함께 관객에게 강렬하게 다가온다. 그들의 몸짓이 아름답다라고 느껴지기는 어렵다. 그것은 그들이 누군가에게 숨기고 싶었던 감정들까지 춤으로 표현했기 때문이다. 무대가 진행되는 '동안'에 감정을 보여주지만, '춤'으로 표현한 만큼 그것은 어떻게 보면 순간적이다. 그렇기에 그녀의, 그들의 몸짓이 더욱 인상 깊다. 피나 바우쉬는 말했다. '나는 춤춘다. 고로 존재한다.' 그녀에게 춤이란 표현수단을 넘어서 생각과 이성, 분 만 아니라 감정 그 자체, 혹은 그 이상일 것이다.

Mlle. PARK HA-YEONG

'말하지 않아도 알아요.'와 같은 CM 송이나 '백 마디 말 보다…….'와 같은 일상적인 문장 속에서 우리는 말(Talk)이 갖는 일차적인 전달력을 뛰어넘는 매개체가 존재한다는 것을 알 수 있다. 우리가 사람들과 소통하기 위해 하는 말은 일상적이고 피상적인 전달 매체로 머물러 타인에게 진심, 혹은 정을 건넬 때 온전히 전달 되지 않을 때가 많다. 그렇기 때문에 타인에게 온전한 '언어'를 전달하기 위해 눈빛, 손짓과 같은 말이 아닌 다른 손짓 언어가 자주 사용되기도 한다. 이러한 개념은 내가 바라본 현대 미술의 사조와도 같다. 더욱 더 복잡해지는 현대 사회 속에서 개인은 제각각의 개성과 철학을 지닌다. 그럴수록 현대미술은 단순해지고 형태를 지운다. 명확한 개념과 형태, 구상성을 가진 미술로선 사고의 한계가 있고 제각각의 개성과 생각을 담을 수 없기 때문이다.
피나 바우쉬가 만들고 표현했던 갖가지의 몸짓 또한 그렇게 느껴졌다. 고전적인 무용의 형태에서 벗어나 자유롭게 분출하는 몸짓에서 우리는 제각각의 다른 느낌을 느낀다. '기괴하다', '아름답다'라는 형용사를 뛰어넘어 '아름다웠던 그때가 생각난다.', '힘들었던 시절이 떠오른다.'와 같은 개개인의 경험, '현대 사회 속에 인간관계, 소통, 사랑' 등의 보편적인 감정으로 확장된다. 즉, 각 움직임에서 개인에 따라 감정의 크기도, 느끼는 범위도 다르게 느껴지는 것이다. 또 그가 원했던 "무엇이 그들을 움직이게 하는가에 더 관심이 있다"라는 말처럼 인간의 동기, 관계에 대한 그의 관심은 가장 진부하지만 중요했던 주제를 관객으로 하여금 환기시킨다. 그의 작품은 한때 유행했던, 한 시대를 대표하는 사조를 넘어서 영원성을 가진 불멸의 클래식으로 존재하게 된 것이다.

M. LEE HUN-SOO

Pina Bausch가 늘 던졌던 질문은 "우리는 무엇을 갈망하는가, 그 갈망은 어디에서 나오는가" 였다. 그녀에게 있어, 감정을 드러내는 표현의 시작은 자신의 내면을 표출하는 것에서부터라고 느껴진다.

영상에서 본 무용수들의 격정적인 몸짓은 나에게 낯설게 다가왔다. 너무나도 원초적이며 본능적인 행동들, 장애물이 존재하는 공간 속 인간의 격렬한 몸짓들은 이질적이며 공포가 느껴지기도 했다. 하지만 보면 볼수록, 그들의 감정에 공감하고 몰입하는 스스로를 볼 수 있었다.

감정의 본질적인 원천에 집중하는 무용수들의 몸짓을 통해, 나 또한 나의 내면을 들여다보는 경험으로 연결되는 것 같았다.

Pina가 보여준 공간과 그 곳에 존재하는 인간, 그리고 그 인간이 느끼는 감정, 그 감정이 발산하는 몸짓까지, 이를 표현하는 Pina의 연출은 정형화되어 있지 않고, 다소 불안하지만 그것이 진정 인간 본연의 심리이며, 본질의 모습을 보여주기 때문에 많은 사람들에게 감동으로 다가오는 것이다.

같은 상황이지만, 어떠한 감정을 느끼느냐에 따라 다르게 체험하는 것처럼, 스스로의 감정에 대한 인식은 매우 중요하다. 감정을 인식하고 표출하는 것은 실로 자연스러운 과정이지만 항상 감정을 조절해야하는 사회의 분위기 속에서 그것은 쉽지 않다. 감정을 있는 그대로 표현하는 것이 익숙지않던 내게, 그들의 표현은 내 안에 숨어있던 많은 슬픔과 갈망, 쾌락들을 건드렸으며 내 내면의 경험으로 확장되어 나를 위로했다.

말이라는 것도 무언가를 떠올리게 하는 것 이상은 할 수 없다고 한 그녀의 말처럼, 마음에 집중하여 원초적인 내면의 소통을 선사하는 그녀의 안무가 현대 사회가 진정 필요로 하는 예술이 아닐까 생각해본다.

Mlle. JEONG JAE-HYUN

"눈을 감는 방법에 차이가 있었다는 걸요. 눈 감은 채로 아래를 보는 것과 앞을 보는 건 아주 큰 차이가 있었어요. 아주 사소한 하나하나가 중요하다는 걸 알 수 있죠. 모든 게 언어에요"

피나 바우쉬는 인간의 삶, 본질 그리고 원초적 본능에 대해 몸의 언어로 이야기 했다. 인간으로서 인간의 본질을 표현하기 위해서는 보다 더 날것의 감정을 표출해야 하는 것이고, 원초적인 모습을 드러내야 하는 것이다. 그녀의 손 끝, 머리카락, 옷자락, 숨소리 같은 모든 요소들은 그녀의 언어가 되고, 날 것의 감정과 인간의 원초적인 모습을 몸짓 하나, 하나에 담아 전달한다. 언어라는 것이 피상적인 것을 넘어서 본질적으로 어떤 것을 전달하기 위한 것이라고 한다면 피나의 몸짓은 그 자체로 본질인 것이다. 우리는 그녀의 춤을 보고, 본질을 마주하며 해석할 필요가 없다. 그저 그 본질 속에서 향유하는 것, 향유를 통해 무한한 몸의 감정을 느끼는 것, 그것이 피나의 춤이고 예술이다.

Mlle. HAN SE-YOUNG

오브제들의 향연으로 충만한 느낌을 보여주는 듯한 피나 바우쉬의 〈카페 뮐러〉 무대는 사실 한동안 (During) 의 몸짓 언어를 구사하는 여인의 자유를 앗아가고자 하는 오브제들로 무장된, 가득찬 공허함을 지닌 공간이다. 의자와 테이블이 무작위로 흩어져 어지러운 구도를 형성하는 이 무대에 내가 존재한다면 말로 표현할 수 없는 내면의 고통을 직접 몸으로 표출해내려고 하는 역할을 맡진 않을 것이다. 나는 이미 외로움에 몸부림치는 여인의 몸짓과 예측할 수 없는 전진을 방해하는 오브제들을 재배열하고 새로운 그녀의 움직임을 유도하고자 할 것이다. 무대의 오브제들을 조정하는 나의 행위가 그녀가 행하는 반복적이고 병적인 행위를 올바른 길로 바로 잡아주고자 하는 것은 아니다.

사실 나는 내 음울한 내면을 표출하기가 두렵고 무서운 것이다. 그러나 나와 우리는 이러한 내면을 아무 말 없이 위로받고 싶다. 바우쉬의 무대, 혹은 소리없는 아우성을 목놓아 외쳐대는 여인의 몸이 조금 더 움직였으면 아니 외쳐주었으면 좋겠다. 그만큼 외로움과 공허함에 찌들어버린 현대인의 삶을 잘 표현해내고 있기에, 현대의 처방전 없는 병을 선고받은 환자들은 이러한 자의식을 행할 힘 마저 없기에 우리들 모두에게 그녀의 움직임을 조금 더 보여주고 싶다. 아픔이 없는 시선은 바우쉬의 몸짓을 이해하기 힘들다. 그래서 그녀의 몸짓은 우리들 모두에게 이해되고 있다.

M. JUNG JI-WON

한 학기의 막바지에 이른 지금, 피나 바우쉬는 나에게 어떤 의미로 다가오는가? 얀겔로부터 시작된 수업은 루에디 바우어를 거치고, 안토니 곰리로 이어졌다. 도시가 가지는 의미는 장소가 가지는 의미로 집중되었고, 마침내 인간이라는 공간에 대한 논의로 연결되었다. 그리고 이어지는 피나 바우쉬에 대한 영상은 인간이라는 공간이 다른 사람에게 어떤 의미를 가질 수 있는지 생각하게 만들었다. 여러 장르의 경계를 허물며 피나가 전하고자 하는 것은 인간과 인간을 움직이는 감정 그 자체이다. 무엇이 무용수들을 움직이게 하는가에 더 관심이 있다는 그녀는 인간과 인간 사이에 생겨나는 여러 감정들에 집중한다. 결국 그녀가 무대 위에서 그려내고자 하는 감정이라는 것은 인간 내부 공간에서 인간을 움직이게 하는 가장 본질적인 것이다.

영화 '피나'에서 단원들의 움직임은 피나에 대한 그리움으로 피어난다. 그들 각자 기억 속 피나를 몸짓으로 그려내고자 한다. 피나에 대한 그리움을 담고 있는 그들의 몸짓은 때로는 부드럽고, 때로는 강한 피나의 다른 면을 그려낸다. 그리고 하나하나 겹쳐지며 피나라는 인물을 머릿속에 그려보게 만든다. 무엇이 당신을 움직이게 하는가? 항상 하던 피나의 질문에 단원들은 대답한다. 피나를 위하여. 단원들의 몸짓이 닿는 공간은 그녀에 대한 그리움으로 채워지고, 어느새 그 공간은 그리움의 장소가 되었다. 그리고 그들이 그려내는 그리움은 스크린 너머의 나에게까지 흘러넘쳐온다. 내 발을 조용히 적시는 그리움을 느끼며 문득 깨닫는다. 피나라는 존재가 그들에게 얼마나 커다랗고 중요한 의미였는지를.

M. HYUN SEUNG-DON

KWON HA-YOUNG +

KIM HYE-WON

KIM HYE-JI +

KIM HYO-JEONG

CHOI YUNA +

Diller Scofidio + Renfro

Rejecting Efficiency and Reason

이 도시를 공유하는 나와 다른 다양한 사람들의 시선과 관심을 부담스러워하는 생태계가 형성되고 있다. 이들은 자신들의 홀로서기를 자유로써 주장하고 이에 대한 책임으로 자신은 결국 혼자 있음이라는 일종의 형벌을 받아들이고 있다고 말한다. 참 아이러니하다. 수많은 사람들이 살아가는 이 거대한 도시에서 혼자 살아가고 혼자 무엇인가를 해낸다는게 일종의 쟁취해야 하는 자유로써 일컬어지면서도 혼자 있음 즉 외롭고 고독함은 그 인간 존재의 이유를 갉아먹는 행위를 자행하는 요소들이다. 딜러 스코피디오와 렌프로는 그럼에도 불구하고 인간의 사회성에 대한 욕구에 호소한다. 아담의 곁에 이브가 있었고 광화문에 모인 우리들의 곁에는 그 뜻을 함께하고자 하는 사람들이 있었다. 혼자가 아닌 우리들의 가치는 우리들이 움직임을 일으키거나 역사를 써내려갈 때 그 빛을 발한다. DS+R이 조성한 계단식 관람석에 앉게 되면 '홀로족'을 주장하던 이들도 혼자만의 휴식을 취하며 그들과 다른 사람들에게 시선을 건네주게 된다. 언제나처럼 힘겨웠던 일상 속 그들이 원하는 자유를 침해하지 않는 선에서 휴식을 제공하고 함께 살아가는 사람들의 가치를 재치있게 제시해주는 DS+R 의 관람석은 단순한 건축물이 아니다. 지금의 도시들, 여러 문화들, 발전된 기술들은 특별한 인간 한 명이 쟁취해낸 것이 아닌 우리들 모두의 결과물임을 제시해주는 인류 역사의 전 시간을 아우르는 하나의 기념비로 여겨져야 할 것이다.

M. JUNG JI-WON

근대가 일반화와 법칙화의 시대였다면 현대는 개별화와 추상화의 시대이다. 현대인은 기존의 이분법적 사고에서 탈피하고자 노력하고, 명확히 경계 지어져 있던 개념들에 대해서 끊임없이 의심한다. 그 결과 진리라고 여겨져 결코 범접될 수 없던 사고와 개념들의 경계가 흐려지고, 새로운 관점에서 해석된다.

정보는 항상 제공자와 수용자가 나뉘어 있다는 사고가 변화하여 프로슈머(Producer+Consumer) 개념이 나타나게 되었다. 정보를 수용하는 사람 역시 유익한 정보를 쉽고 빠르게 제공할 수 있는 또 하나의 능동적 주체가 되었다.
예술은 항상 창조자와 감상자가 나뉘어 있다는 사고가 변화하여 Story-doing 형태의 예술이 등장했다. 작가는 감상자의 참여까지 작품을 구성하는 요소로 생각하게 되고 이는 창조자와 감상자 사이의 경계를 없앴다.
건축은 더 이상 효율과 이성의 산물이 아니게 되었다. 오히려 이성의 절대적 가치성이 끊임없이 의심받는다. 감성과 비효율이 안 좋은 것이라는 단정에 의문을 갖고 그러한 요소를 건물에 반영하기 시작한다. 모순적이게도 그러한 비효율을 추구하는 과정에서 드디어 인간이 존재할 수 있는, 인간을 위한 공간이 생기게 된다.

The High Line은 이러한 현대적 사고의 흐름을 적극적으로 반영한다. 일상의 장면을 그대로 보여주는 공원은 결코 그 주변과 구분되어지지 않는다. 이 공원을 향한 시선은 강요된 것이 아니다. The High Line Park는 독특하고 이질적이어서 감상의 대상이 되는 '작품'이 아니라 '생활공간의 일부'이기 때문이다. 그 속의 인물들은 'The High Line'이라는 제목이 붙을 법한 풍경을 감상하는 동시에, 풍경을 구성하는 주체가 된다.
어제 강아지를 산책시키던 그 사람을 나는 그저께도, 어제도 만났다. 그렇다면 오늘은 간단한 인사라도 건넬 수 있지 않을까. 반대로 조깅을 하는 나를 매일 같이 보던 사람은 나에게 한마디 격려의 말을 남길 수 있지 않을까. 남이 공원에서 무엇을 하는지 관음하고, 자신이 무엇을 하는지 거리낌 없이 노출시키는 삶은 '소통'의 근원이 된다. 고독과 외로움에 미쳐가는 현대인들이 그토록 바라 마지않던 따뜻한 감정의 교류를 유발한다. 건축은 일상적 공간에 녹아들고, 우리는 서로에게 녹아드는 풍경. 인간이 만들어 낼 수 있는 가장 아름다운 작품이 아닐까.

M. CHUN DO-HOON

뉴욕 하이-라인, 하이-라이프, 하이-라이트
뉴욕 하이라인은 폐 고가철도를 공원으로 바꾼, 엘리자베스 딜러와 스코피디오의 설계는 지금의 뉴욕 전경을 바꾸어 놓은 대규모 프로젝트였다. 그들은 시민들에게 불쾌감을 주고 도시의 흉물로 변해버린 폐 고가철도를 모두가 나와서 자연을 즐길 수 있는 공간으로 만들었다. 뉴욕 시민들은 그 놀랍도록 가깝고 함께할 수 있는 공원을 통해서 삶의 질이 향상되었다고 말한다. 뉴욕 하이-라인은 하이-라이프에서 그치지 않는다. 각자의 삶이 공원안에 그 순간 속에서 영화처럼 포착되는 효과를 노렸다. 누구나 각자의 삶을 산다. 하지만 그 속의 이야기는 각자가 다르다. 이 다른 각자의 삶들을 모두 즐겁게 해줄 수 있는 공간이야말로 진정한 공공공간의 표본이라 할 수 있지 않을까. 이러한 공간속에서 우리는 인생의 하이-라이트를 느끼게 된다.

M. YOON BYUNG-YOON

도시 건축을 재사용하는 에코이즘과 시너지를 만드는 원천은 Highline이 도시의 주요 섹션을 지난다는 것, 그 접근성에 있다. 기존에 사용되던 고가의 특성을 파악하고 이점을 활용하였다는 것이다. 변화를 만드는 것은 발상이 아닌 이것을 행동으로연결하는 과정이다. 목적과 그것에 따른 변화는 수단이자 곧 결과가 된다. 나는 이것을 진정한 의미의 실천주의라고 생각한다.

Mlle. CHOI YUNA

학생 때 자리를 정하면, 항상 창가가 인기가 많았다. 수업시간에 간간히 창밖을 보며 체육시간에 북적이던 운동장을 또는 아무도 없는 조용한 운동장을 바라보는 것이 평안함을 느끼게 해주었다. 그저 똑같은 장소가 반복되는 모습이지만, 나의 시선은, 또는 창가에 앉은 친구들의 시선은 자주 창밖을 향해 있었다. 매일 스쳐지나가는 순간의 공간이 동안의 시선에 머물며 휴식으로 다가왔다. 뉴욕의 하이라인파크는 이처럼 사람들이 일상의 모습을 보게 해주는 공간을 제공한다. 얀 겔의 위대한 실험에서는 '사람'을 먼저 생각하며 도시를 설계한다. 사람을 위한 공간은 사람들을 관계 맺게 해주며 자연스럽게 그곳에 모여들게 만든다. 뉴욕 하이라인 파크 또한 '사람'을 먼저 생각하여 만들었고, 이것은 사람들을 끌어 모았다. 계단식 의자에 앉아 사각형의 프레임을 통해 보는 일상의 모습은 마치 영화를 보는 것 같이 느껴진다. 또한 프레임은 다른 사람들을 쳐다보는 것이 예의가 아니라고 생각하는, 관음증이라는 부정적인 것으로 인식되어지는 행위를 정당화시켜준다. 자연스럽게 프레임 밖으로 나아가는 시선은 관음증이 아닌 여유의 시선으로 받아들여지게 된다. 이처럼 뉴욕의 하이라인 파크는 우리에게 일상의 색을 평소와는 다르게 보이게 한다.

Mlle. PARK HA-YEONG

하이 라인을 보고 떠올랐던 건 뜬금없게도 부모님이었다. 사진 교양 수업에서 부모님 사진을 찍어오라는 과제를 받았었는데, 하이 라인의 철학 속에 그 답이 있었기 때문이다. 과제를 받고 남들과 다르게 찍으려면 멋지고 예쁘고 독창적이게 찍어야 할 것이라고 생각했다. 그렇게 고민하던 중 오랜만에 방문한 집에서 엄마가 밥을 하고 계셨다. 그 순간 생각했다. 다 같이 거실에서 TV를 보고, 엄마가 밥을 해주고 늦잠 자는 나를 깨워주는 가장 일상적인 순간이 가장 소중한 순간이라는 것을 말이다. 나에게 가장 독창적인 사진은 가장 일상적인 사진이었다. 이제 네모난 프레임에 출력된 엄마의 작은 사진은 이제 나에게 가장 일상적이지만 가장 특별한 사진으로, 순간은 동안으로 영원히 남겨졌다. 하이 라인에서 바라본 뉴욕의 모습 또한 전혀 새롭지 않은 똑 같은 뉴욕의 모습이다. 사람들은 단지 몇 미터 위에서, 기존에 존재하던 공간에서 네모난 프레임 속에 담긴 뉴욕을 바라본다. 역설적이게도 가장 일상적인 순간이 가장 특별한 순간으로 보일 수 있게 했던 것이다. 즉 일(1)상에 일(1)상이 더해지면 이(2)상이 된다는 말처럼 일상적인 공간에서 일상적인 모습을 바라보면서 사람들은 가장 이상적인 순간을 맞이하게 된다. 또 그 평온하고 일상적인 모습을 바라보면서 우리는 도시에 담긴 제각각 자신의 특별한 경험과 추억을 떠올리게 된다.

M. LEE HUN-SOO

우리의 시선이 멈추는 곳에 프레임이 존재한다. 3차원 공간에 2차원의 프레임이 덧붙여지는 순간, 인간은 그것을 바라보기 시작한다. 그저 거리를 걷는 사람들, 어딘가를 향해 달리는 차들, 춤을 추고 있는 무용수들, 앉아서 얘길 나누는 사람들. 우리가 바라보는 것들은 일상적인 것들이다. 강렬하지도 않고 자극적이지도 않다. 그저 자신들의 하루를 살아가는 개개인의 모습일 뿐이다. 밖을 바라보는 우리의 시선에서 뿐만 아니라 밖에 있는 사람들에게도 동일한 방식으로 프레임이 된다. 달리는 차안에서 바라본 프레임 속 우리는 정지한 채 쉬고 있는 사람들의 모습으로 그려진다. 그렇다. 프레임을 통해서 우리는 서로를 바라보고 있다. 한 측면에서만 볼 수 있는 스크린이 아니라 양면의 세계를 볼 수 있는 투명한 프레임은 서로를 마주보게 한다. 특별할 것 없는 개인의 모습에 주목하게 되는 이유는 그들이 프레임 안에 있기 때문이다. 프레임 속에서 그들을 보고 있다고 생각하지만 그들의 모습은 곧 우리의 모습이 된다. 그저 하루를 묵묵히 살아가고 있는 사람들 중 한 사람으로써.

Mlle. NAM SONG

빙글 돌아 다시 처음으로 돌아간 듯한 느낌을 받았다. 뉴욕의 하이라인은 도심 속에 만들어진 사람들을 위한 공간이었고, 이를 보며 첫 시간 보았던 얀겔의 위대한 실험 영상이 떠올랐다.

얀겔은 도시가 사람이 아닌 자동차 중심으로 설계되었다는 것을 지적한다. 도시 안에서 도시를 살아있게 만들어주는 것은 자동차가 아니라 사람이라는 것을 강조한다.

그런 점에서 하이라인 파크의 존재는 이런 얀겔의 생각을 상징하는 대상처럼 여겨진다. 하이라인 위를 다니는 대상이 과거에는 기차였지만 오늘날엔 사람이라는 점이 그렇다. 열차를 위한 길에서 이제는 사람을 위한 길로 변한 하이라인은 마치 사람을 위해 변해가는 도시의 한 단면을 보여주는 것처럼 여겨진다.

dS+r은 여기에 의미를 더한다. 하이라인 곳곳에 프레임을 배치해 사람들이 주목해야 할 대상을 제시한다. 텅 빈 프레임 앞에서 사람들은 그들이 살던 도시 그 자체를 주목하게 된다. 보이는 것은 지나가는 차들, 걸어가는 사람들처럼 특별한 것이 아니다. 그들의 일상 그 자체이다. 도시의 변화의 상징인 하이라인 위에서 그들이 보게 되는 것은 그들의 일상이며 그들 자신이다. 사람들의 일상이 도시 안에서 얼마나 커다란 부분인지 느낄 수 있게 한다.

그리고 도시에 대한 사람들의 생각은 점점 변화한다. 아만다 버든이 말하듯, 공공장소는 도시에 대한 생각을 변화시킨다. 편하게 있을 자리가 있다는 것이 도시에 머무는 중요한 이유가 되는 것처럼 말이다. 그녀의 말을 증명하듯 수많은 사람들이 하이라인을 경험하기 위해 뉴욕으로 온다. 하이라인이라는 작은 장소가 뉴욕이라는 거대한 도시의 이미지 자체를 달라지게 만드는 것이다.

결국 도시가 공공의 장소를 제공했을 때, 사람들이 모이게 되고, 자연스럽게 그 장소에 의미가 부여되고, 이 의미는 도시의 이미지를 변화시켜 도시를 더욱 발전시키는 선순환이 발생한다. 이 순환의 고리야말로 앞으로 모든 도시가 추구해야 할 방향일 것이다. 하이라인의 변화가 하나의 사건에 그치지 않고 곳곳으로 퍼져나가길 바란다

M. HYUN SEUNG-DON

YUN YU-RIM

CHOI YUNA

KIM HYE-JI

LEE EUN-YOUNG +

PROFESSEUR

M. KIM IL-SEOCK   ARCHITECTE DESA | stein132@naver.com
ESA DESIGN | www.esadesign.co.kr

SES ÉLÈVES

M. KANG JU-WON / BUSINESS ADMINISTRATION / hosub07@naver.com

Mlle. KWON HA-YOUNG / WOODWORKING & FURNITURE DESIGN / hayoungs94@naver.com

M. KIM DONG-GIL / COMMUNICATION DESIGN / mr_gill@naver.com

Mlle. KIM YE-JI / HISTORY EDUCATION / vmfkd.zkvmzk12@gmail.com

Mlle. KIM HYE-WON / METAL ART & DESIGN / 1heywon@naver.com

Mlle. KIM HYE-JI / DESIGN MANAGEMENT / au___rora@naver.com

Mlle. KIM HYO-JEONG / COMMUNICATION DESIGN / 369asdfg@naver.com

Mlle. NAM SONG / PAINTING / rucy9989@gmail.com

Mlle. RA YEON-SU / WOODWORKING & FURNITURE DESIGN / rystina@naver.com

Mlle. PARK HA-YEONG / PRINTMAKING / phyeong16@naver.com

M. SUN WOO-SOL / ELECTRICAL ENGINEERING / pinesol0406@naver.com

Mlle. SONG YE-JIN / ORIENTAL PAINTING / wls_22@naver.com

Mlle. OH EUN-SOL / PRINTMAKING / vanessaoh@naver.com

M. YOO YOUNG-HYUN / ARCHITECTURE / hyun_ett@naver.com

M. YUN KWAN-SEOP / ELECTRICAL ENGINEERING / rhkstjq00@naver.com

M. YOON BYUNG-YOON / OPEN MAJOR(INDUSTRIAL DESIGN) / dbdbd99@naver.com

Mlle. YUN YU-RIM / DIGITAL MEDIA DESIGN / ziwzi@naver.com

Mlle. LEE EUN-YOUNG / DESIGN MANAGEMENT / omm30@naver.com

M. LEE HUN-SOO / BUSINESS ADMINISTRATION / dlgjstn13@naver.com

Mlle. LIM JI-HYUN / INDUSTRIAL DESIGN / jncello@hanmail.net

M. JUNG KI-TAEK / URBAN ENGINEERING / taekitall@nate.com

M. JEONG JAE-HYUN / TEXTILE ART & FASHION DESIGN / 24ys34@naver.com

Mlle. JANG JI-WON / VISUAL COMMUNICATION DESIGN / gwmlsh165@gmail.com

M. JUNG JI-WON / ART STUDIES / wonas501@naver.com

Mlle. JOE SOO-YUN / WOODWORKING & FURNITURE DESIGN / assd68@naver.com

M. JO JU-HYUN / CIVIL ENGINEERING / whwngus23@naver.com

M. CHUN DO-HOON / BUSINESS ADMINISTRATION / door0828@gmail.com

Mlle. CHOI YUNA / TEXTILE ART & FASHION DESIGN / yunachoii06@gmail.com

Mlle. CHOI JI-WON / INDUSTRIAL DESIGN / choichi415@gmail.com

M. TAE YU-JIN / PRINTMAKING / u-gene97@naver.com

M. HAN GYUL / LA LANGUE ET LA LITTÉRATURE FRANÇAISE / hhh0462@naver.com

Mlle. HAN SE-YOUNG / MATHEMATICS EDUCATION / INTERIOR ARCHITECTURE STUDIO / hhan003@naver.com

M. HYUN SEUNG-DON / KOREAN LITERATURE / tmdehsqls@naver.com

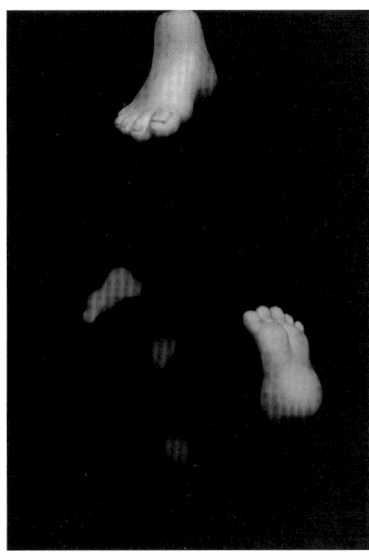

Mlle. YUN YU-RIM
Keep going 20×30×25cm, Installation

경계를 넘어서 '공간과 심리'
Expand beyond the boundary 'SPACE & PSYCHOLOGY'

EDITEUR | KIM IL-SEOCK

Design de Livre | KIM HYE-JI (Mise en Scène, Correction d'Affiche)
　　　　　　　　　　YUN YU-RIM (Couvre-Livre, Illustration, Installation)
　　　　　　　　　　HAN GYUL(Texte de Présentation, Correction d'Essai)
　　　　　　　　　　PARK HA-YEONG (Texte de Présentation, Correction d'Essai)
　　　　　　　　　　NAM SONG (Correction d'Essai)
　　　　　　　　　　LEE EUN-YOUNG (Information)
　　　　　　　　　　YOO YOUNG-HYUN (Information)

Rôle-Titre | CHUN DO-HOON (EXPAND BEYOND THE BOUNDARY)
Deuxième Titre | LEE EUN-YOUNG (WRITE, RIGHT, LIGHT)
Titre d'Exposition | KIM DONG GIL (I'M ME, YOU'RE YOU.)
Titre d'Adresse | KIM DONG GIL (WITH YOU)
Comptabilité | LEE EUN-YOUNG
Interview de Professeur | www.hongik-mad.com
HONGIK ARCHITECTURE | http://arch.hongik.ac.kr
　　　　　　　　　　　　　　http://www.facebook.com/hsarchitecture

Produit par | ESA Design | www.esadesign.co.kr
Publié par | KC Communications | kc5246@naver.com (www.naver.blog.com/kc5246)
Distribué par | KOSUNG BOOK DISTRIBUTION Co., Ltd. | wabook@hanmail.net
　　　　　　　　　1F, Namyang B/D., 287, Yangjae2-dong,
　　　　　　　　　Seocho-gu, Seoul, 137-131 KOREA
　　　　　　　　　Tel. 82-2-529-7996 / Fax. 82-2-529-0030

Premier edition le 29, Août 2018
ISBN 979-11-87462-10-1

ⓒ이 책의 무단 복제나 도용을 금지합니다.
　　이 책의 내용은 출판조합원들(With you)의 허가 없이 무단으로 재생산 및 사용을 할 수 없습니다.

[이 도서의 국립중앙도서관 출판예정도서목록(CIP)은 서지정보유통지원시스템 홈페이지
(https://seoji.nl.go.kr)와 국가자료공동목록시스템(http://www.nl.go.kr/kolisnet)에서 이용하실 수 있습니다.
(CIP제어번호: CIP2018027123)]

※ 이 책의 저작권은 1쇄 출판에 참여한 출판조합원들(With you)에게 있습니다. 향후 발생할 수 있는 저작권의 수익은 이 책의 2쇄 출판부터
　 출판조합원들이 출판조합금의 조성에 참여한 비율에 따라 배분합니다. 출판조합원들(With you)의 저작권에 관한 권한은 김일석교수가 대행합니다.